LE

CARBURE DE CALCIUM

Lavallière

Historique

Fours électriques. — Fabrication industrielle

Propriétés et Applications

PAR

M. C. DE PERRODIL

MARSEILLE

TYPOGRAPHIE ET LITHOGRAPHIE BARTHE, Cⁱᵉ

Rue Venture, 19.

—

1897

LE

CARBURE DE CALCIUM

Historique

Fours électriques. — Fabrication industrielle

Propriétés et Applications

PAR

M. C. DE PERRODIL

MARSEILLE

TYPOGRAPHIE ET LITHOGRAPHIE BARTHELET ET Cie

Rue Venture, 19.

—

1897

LE CARBURE DE CALCIUM

Historique. — Fours électriques. — Fabrication industrielle. —
Propriétés et applications.

PAR

M. G. de PERRODIL

PREMIÈRE PARTIE

HISTORIQUE

En 1836 (1), Edmond Davy cherchant à produire le potassium métallique par la dissolution du carbonate de potassium en présence du charbon à une très haute température, remarqua la formation de petites quantités d'un sous-produit noirâtre qui n'était pas du potassium, mais un composé complexe renfermant du potassium et du charbon. Il reconnut que ce produit avait une très grande affinité pour l'oxygène, et qu'en présence de l'eau, il se décomposait en donnant un gaz qu'il regarda comme un nouveau carbure d'hydrogène.

En 1862, M. Berthelot (2), à propos de ses belles synthèses des composés organiques, fut amené à reprendre l'étude du même carbure auquel il donna le nom d'acétylène. Sa composition C^2H^2 était relativement à l'acétyle C^2H^3 de Berzélius, la même que celle de l'éthylène C^2H^4, vis-à-vis de l'éthyle C^2H^5; c'est pourquoi il donna à ce gaz le nom d'acétylène. M. Berthelot, en faisant passer un courant d'acétylène sur le sodium chauffé, a obtenu le premier le carbure de sodium défini, décomposable par l'eau.

Vers la même époque, dans l'année 1862, le chimiste allemand

(1) *Annalen der Chemie und Pharmacie*, 1836, t. XXIII, p. 144.
(2) *Annales de Chimie et de Pharmacie*, 1862, t. XXIII, p. 144.

Woehler (1), obtint, le premier, un carbure de calcium amorphe et impur, en fondant dans un creuset, à une température élevée, un alliage de calcium et de zinc en présence du charbon en vue de la préparation du métal calcium. Il obtint ainsi un composé qui, en présence de l'eau, dégageait une certaine quantité de gaz contenant de l'acétylène ; mais il n'en a donné ni la formule, ni la densité.

Ce n'est ensuite qu'après un long intervalle de temps qu'apparaissent de nouveaux travaux sur la préparation des carbures alcalino-terreux et de l'acétylène.

Le 17 octobre 1892 (2), M. L. Maquenne a obtenu du carbure de baryum impur, répondant à la formule BaC^2 en chauffant dans une bouteille en fer un mélange de carbonate de baryte, de magnésium en poudre et du charbon de bois, bouteille qui était placée dans un four Perrot.

Il constata une réaction qu'il a expliqué par l'équation :

$$BaCO^3 + 3Mg + C = BaC^2 + 3MgO.$$

La masse refroidie présentait un aspect amorphe gris noirâtre. Cent grammes de ce composé dégageaient environ cinq litres d'acétylène mélangés à 6 et 7 0/0 d'hydrogène libre.

Le 6 février 1893, M. Travers a publié le procédé de préparation suivant :

Il mélangeait du chlorure de calcium, du charbon en poudre et du sodium métallique ; le tout chauffé ensemble pendant une demi-heure, lui fournissait, après refroidissement, une masse d'aspect gris noir contenant environ 16 0/0 de carbure de calcium, du carbone libre, du chlorure et du cyanure de sodium, et dégageant de faibles quantités d'acétylène.

M. Travers (3) a appliqué sa préparation à l'étude des acétylures de mercure dont il a donné une bonne préparation.

L'acétylène n'a enfin pu être obtenu pratiquement qu'après les remarquables travaux de M. Moissan, sur lesquels je vais donner quelques détails.

(1) *Annalen der Chemie und Pharmacie*, t. CXXIV, p. 220.
(2) *Compte-rendu de l'Académie des Sciences*, p. 558, t. 115.
(3) *Proceedings of chemical Society*. Metallic of acetylene mercuric, by R. T. Plimpton and M. W. Travers, *Journal of the chemical Society*, 1894 V. t. XV, p. 261.

Le 12 décembre 1892 (1), M. Moissan publiait les premières expériences faites avec son four électrique.

Dès cette époque, il indiquait comme possible la réduction de tous les oxydes qui jusque là avaient été réfractaires, ceux d'uranium, de manganèse, de chrome, etc., et il mentionnait la formation *d'un carbure de calcium non défini* par l'action des vapeurs de calcium sur les électrodes de charbon.

M. Moissan a poursuivi ses recherches et le 5 mars 1894, après le dépôt du brevet de son collaborateur, M. L. Bullier, sur la préparation industrielle du carbure de calcium, il donnait à l'Académie des Sciences (2) les résultats de ses nouvelles études.

Nous ne reproduirons pas ici la note de M. Moissan que tout le monde peut consulter aux comptes-rendus du 5 mars 1894, tome 115, page 1031, mais nous donnerons la copie du brevet de M. L. Bullier qui est moins connu.

PROCÉDÉ DE PRÉPARATION DES CARBURES DES MÉTAUX ALCALINO-TERREUX.

Mon invention a pour objet un procédé de préparation des carbures des métaux alcalino-terreux, qui permet de les obtenir directement et industriellement.

Ce procédé consiste à chauffer dans un four électrique tel par exemple que celui de M. Moissan (3), un mélange de charbon avec l'oxyde du métal alcalino-terreux que l'on veut transformer en carbure.

Le produit obtenu dans le four est fluide à la température à laquelle il se forme et il donne par refroidissement une masse

---

(1) *C. R. de l'Académie des Sciences*, p. 6, t. 112. Dès que la température dans le four est voisine de 2500°, la chaux, la strontiane, la magnésie, cristallisent en qⁱⁱⁱques minutes. Si la température atteint 3000°, la matière même du four, la ...aux vive, fond et coule comme de l'eau.

A cette même température, le carbone réduit avec rapidité l'oxyde de calcium, et le métal se dégage en abondance, il s'unit avec facilité au charbon des électrodes pour former *un carbure de calcium* liquide au rouge qu'il est facile de recueillir. Le sesquioxyde de chrome, l'oxyde magnétique de fer, sont fondus rapidement à 2250°. Le sesquioxyde d'uranium chauffé seul est ramené à l'état de protoxyde noir cristallisé en longs prismes.

(2) La description de ce four est donnée plus loin.

(3) *C. R. de l'Académie des Sciences*, 5 mars 1894 t. 115 p. 1031.

cristalline de couleur foncée qui est le carbure du métal employé.

Lorsque l'on emploie 56 parties de chaux vive et 36 parties de charbon de sucre (charbon de bois, noir de fumée ou toute autre variété de carbone) on obtient un carbone défini répondant à la formule C^2Ca. Si l'on ajoute un excès de chaux, on peut obtenir des carbures de composition variable. On obtient de même, et avec autant de facilité, les carbures de baryum et de strontium.

Il est bien entendu d'ailleurs que l'on peut remplacer l'oxyde du métal par son carbonate ou tout autre sel à base du métal alcalino-terreux.

Les carbures alcalino-terreux ainsi obtenus par mon procédé, sont susceptibles de recevoir de nombreuses applications ; ils peuvent notamment, sous la simple action de l'eau, donner immédiatement naissance à de l'acétylène pur dans le cas du carbure C^2Ca, où à des mélanges de carbures d'hydrogène de composition variable. C'est ainsi, par exemple, que 1 kilogr. de carbure de calcium de formule C^2Ca fournit environ 340 litres d'acétylène.

Les carbures obtenus par mon procédé pouvant être fabriqués industriellement, pour un prix qui est fonction de la force motrice nécessaire à engendrer le courant électrique ; on peut en obtenir des quantités considérables, susceptibles de fournir ensuite de l'acétylène à un prix abordable ou, dans différentes conditions, des carbures acétyléniques.

Les applications de ce corps deviennent alors pratiques ; quelques unes sont toutes indiquées, je signalerai notamment la fabrication du diiodoforme, celle de l'acide cyanhydrique, et par suite, des cyanures.

Enfin, l'acétylène peut aussi servir pour l'éclairage ; il se polymérise sous l'action de la chaleur et peut ainsi fournir une série de composés intéressants parmi lesquels je ne citerai que la benzine, mais il est bien évident que ce corps est susceptible de nombreuses applications en chimie organique.

Je n'ai d'ailleurs donné les indications qui précèdent sur l'acétylène que pour bien faire saisir l'importance industrielle et la portée pratique du procédé de préparation des carbures des métaux alcalino-terreux qui, seul, fait l'objet de ma présente demande de brevet et constitue mon invention.

En résumé, je revendique, par la présente demande de brevet, le procédé de fabrication des carbures des métaux alcalino-terreux, consistant à chauffer au four électrique un mélange de charbon et d'oxyde du métal dont on veut obtenir le carbure ; cet oxyde pouvant être remplacé par le carbonate ou autre corps équivalent.

En même temps que se poursuivaient ces recherches en France, un ingénieur américain, M. Th. L. Willson, de la Caroline du Nord, prenait un brevet sur la réduction de l'alumine et de la magnésie par le charbon, et dans son brevet il parle (21 février 1893) incidemment du carbure de calcium et du titane métallique mais sans citer aucune analyse, aucune réaction, sans même écrire le mot d'acétylène. Comme il s'est produit quelque confusion au point de vue de l'historique de la question, je me permettrai de mettre en relief encore une fois les textes et je donne *in extenso* le brevet américain de ... Willson.

Office des patentes des Etats-Unis.

———

THOMAS L. WILLSON DE LEAKSVILLE
CAROLINE DU NORD.

———

Réduction par l'électricité des composés métalliques
réfractaires,

———

Exposé des lettres patentes, n° 492.377, en date du 21 février 1893 (1),

A tous ceux qui peuvent s'intéresser à la question :

Qu'il soit connu que moi, Thomas L. Willson, citoyen des Etats-Unis, résidant à Leaksville dans le pays de Rockingham et l'Etat de la Caroline du Nord, ai inventé certaines améliorations nouvelles et pratiques relatives à la réduction par l'électricité

(1) Remarquons qu'en 1892, M. Moissan avait parlé d'un carbure de calcium non défini. Se reporter à la note des C. R. de 1892, publiée plus haut.

des *composés métalliques* réfractaires, qui sont spécifiés dans ce qui suit.

Cette invention est relative à la séparation de l'aluminium et *d'autres métaux* difficilement réductibles, de minerais ou de composés réfractaires au moyen du four électrique (electric smelting). Le four électrique ou la réduction métallurgique à l'aide de la chaleur engendrée par l'électricité a été jadis obtenue par deux voies différentes, savoir, par un four à incandescence chauffé par le passage d'un courant électrique à travers une masse de charbon concassé, la chaleur étant engendrée par la résistance que présente ce conducteur au passage du courant électrique, ou bien par un four à arc dans lequel la chaleur est engendrée par le passage d'un courant électrique sous forme d'arc entre deux électrodes séparées.

Dans le premier fourneau, ou fourneau à incandescence, le courant passe horizontalement entre deux bancs ou électrodes de charbon, l'espace compris entre eux étant rempli par un mélange de charbon concassé et du minerai à réduire et avec une base métal, comme le cuivre.

De tels fourneaux ont un inconvénient en pratique. Dès que la base de métal entre en fusion, il se forme un lac ou bain s'étendant entre les électrodes qui sert de court-circuit autour de la masse destinée à la réduction, ce qui nécessite une continuelle mobilisation des électrodes destinée à maintenir l'indispensable résistance dans le fourneau.

Cette difficulté est en grande partie surmontée par l'emploi d'un fourneau à arc dans lequel le courant passe verticalement entre les deux électrodes, l'une consistant en un creuset ou âme de charbon en graphite, et l'autre en une barre ou un crayon de charbon placé au-dessus, et entrant dans la cavité du creuset, ou de l'âtre. Le crayon étant amené au contact du creuset ou d'un corps intermédiaire conducteur, est éloigné du contact afin de produire un arc, et la chaleur que celui-ci développe produit la réduction de la matière placée dans le creuset.

Comme cela se passe dans un four à arc qui a été fabriqué antérieurement à mon invention, l'alumine ou tout autre minerai *réfractaire entre en fusion* par la chaleur de l'arc et recouvre le fond du creuset d'un *lac ou bain liquide*. Dans la fabrication des bronzes ou autres alliages, le métal base forme un lac dans le fond du creuset, et l'alumine liquide ou tout autre minerai liquéfié forme une couche superposée à la première. Le crayon de charbon est élevé au-dessus du bain d'alumine pour maintenir l'incandescence de l'arc. Si un agent réducteur se trouve dans le four, soit par l'introduction dans le four d'une atmosphère réductrice, soit par l'utilisation comme réducteur du charbon du crayon, la réduction de l'alumine ou de tout autre composé métallique est effectuée par l'action combinée de l'arc électrique et de l'agent réducteur, si une base-métal se trouve là, elle se combine avec le métal réduit en formant un alliage.

Dans le maniement d'un semblable four électrique, il y a de grandes difficultés pratiques du fait *des fluctuations subites et considérables dans la résistance du four, lesquelles tiennent à l'ébullition du bain de fusion*(1).

L'alumine en fusion ou tout autre minerai ou composé métallique étant un meilleur conducteur électrique que le milieu gazeux de l'arc, doit être éloigné du contact avec le crayon de charbon pour maintenir un arc. Par l'ébullition de ce bain, l'alumine liquide ou tout autre minerai, *éclabousse, jaillit, écume*, et remonte ainsi fréquemment et à des intervalles irréguliers au contact du crayon de charbon, de ce fait *formant un court-circuit autour de l'arc et diminuant la résistance dans le four*.

En pratique, il est avéré que cette projection de l'alumine produit un court-circuit d'une résistance si faible que *le travail de la dynamo génératrice du courant est sérieusement troublé* (2).

Toutes les fois qu'un pareil court-circuit est produit, la quantité du courant électrique est accrue en proportion de l'abaissement de résistance, ce qui nécessite de la part de la dynamo un énorme accroissement de travail, dont l'effet pratique est de tendre à arrêter instantanément la rotation, exposant la dynamo et la force motrice qui la mène, aussi bien que la courroie ou tout autre intermédiaire par lequel la force est transmise, à un choc rude; ces chocs se succèdent les uns aux autres, à intervalles si rapides

---

(1) Remarquons ici que M. Willson va chercher à éviter le bain de fusion. Nous le verrons plus loin dans son brevet allemand de 1895, après le brevet de M. Bullier, pris en 1894, insister sur l'utilité du bain de fusion qui est un des points de la découverte de M. Moissan.

(2) Ceci est donc la condamnation absolue du bain de fusion.

et irréguliers qu'ils deviennent très funestes et produisent *grand dommage à toute la machinerie.* Il y a grande chance pour que l'armature de la dynamo soit brûlée du fait de l'intensité excessive du courant, même dans le cas de dynamos dont les armatures sont construites pour supporter des courants d'un voltage extraordinaire, tels que ceux que l'on emploie en électro-métallurgie. La production de ce court-circuit d'arc est due en partie à la projection du cuivre ou autre métal base à travers le bain d'alumine ou autre minerai, quand, comme dans la fabrication du bronze d'aluminium, un pareil métal base se trouve dans le four, mais on rencontre la même difficulté, et au même ou presque au même degré, quand il n'y a aucun métal base dans le four et quand par conséquent le seul bain liquide est celui d'alumine ou de tout autre minerai en traitement.

L'objet de mon invention est de surmonter les difficultés pratiques provenant dans le four d'un bain en fusion du minerai ou composé en traitement.

Dans le cours de nombreuses expériences que j'ai faites, et dans l'emploi d'agents réducteurs variés, j'ai découvert que le charbon pulvérisé, quand il est mêlé avec l'aluminium ou autre composé métallique à réduire, et dans une proportion convenable, a le pouvoir d'empêcher que le composé métallique fondu forme un bain.

Mon invention actuelle consiste donc en une amélioration de la fusion par l'électricité dans un arc ou un four vertical, dans lequel on soumet l'alumine ou tout autre composé métallique réfractaire à la chaleur continue d'un arc électrique. Ces composés étant mêlés à du charbon pulvérisé, en proportion suffisante pour prévenir la *formation d'un bain de substances en fusion.*

Les grandes fluctuations de la résistance de l'arc dues à l'ébullition de ce bain sont en conséquence évitées, et la résistance de l'arc est rendue tellement uniforme que la fusion électrique devient une opération pratique avec les moyens dont nous disposons actuellement pour produire les courants électriques de haute intensité nécessaires.

Les fluctuations qui surviennent sont si faibles et si progressives, que la machinerie n'est sujette à aucune détérioration. Le procédé de fusion est ainsi rendu plus économique, parce qu'il

est conduit plus régulièrement et progressivement, il est sujet à
moins d'interruption, par abaissement de vitesse de la dynamo,
comme cela résulte de la production d'un court-circuit, et consé-
quemment la fusion est produite par le maximum du courant que
la dynamo peut engendrer sous la résistance du four.

Dans l'application de ma présente invention, j'emploie de préférence un four électrique représenté, par la figure 1 qui montre
le four en section verticale, le circuit électrique et la dynamo
étant représentés en diagrammes.

En se reportant à la figure, A désigne la maçonnerie, B le
charbon ou graphite du four, C le crayon de charbon constituant
l'électrode mobile et D la dynamo génératrice du courant.

Suivent de longues explications sur le moyen d'éviter le court-
circuit, etc.

La réduction s'opère alors, soit graduellement, soit violemment,
par une série d'explosions suivant la nature des matériaux
introduits.

Il ne se produit pas de bain de fusion (1) et, par conséquent;
pas d'ébullition dans le creuset. La présence du carbone pulvérisé semble avoir pour effet de maintenir la division de l'alumine
jusqu'à ce qu'elle soit fondue, et peut-être à une certaine absorp-
tion, l'alumine étant ainsi tenue en suspension par le charbon
jusqu'à ce que la chaleur intense de l'arc ait effectué la séparation
de son oxygène qui est enlevé par le carbone, formant du mono-
xyde ou du bioxyde de carbone qui s'échappe du four, laissant
l'aluminium en liberté. Par l'interruption de la réaction, pendant
que la réduction est à son apogée et par le refroidissement brusque du four, on ne trouve pas de culot d'aluminium solidifié,
comme cela se verrait s'il y avait un bain liquide, mais, au contraire, les matériaux apparaissent dans le même état qu'avant
leur introduction dans le four, c'est-à-dire sous la forme d'une
alumine en poudre ou en grains, mélangée ou imprégnée de
charbon, et ordinairement non agglomérée par la chaleur. Dans
la réduction de l'aluminium, par ce procédé, l'aluminium libre
dans le four doit être recueilli d'une façon particulière, avant
d'arriver au contact de l'air qui l'oxyderait.

Les façons spéciales de recueillir l'aluminium ne constituent

(1) M. Willson revient à nouveau sur la suppression de tout bain liquide.

pas la partie essentielle de mon invention présente, mais il y a
deux méthodes que je crois capables d'atteindre ce but. De celles-
ci, la première consiste à introduire un métal-base dans le four
pour qu'il s'allie instantanément avec l'aluminium naissant encore
libre, ce qui est la méthode communément employée jusqu'ici. La
seconde méthode consiste à avoir un excès de charbon dans le
creuset, suffisant pour se combiner avec l'aluminium naissant,
formant un carbure d'alumine, duquel le métal sera ultérieurement extrait.

*La suppression du bain de fusion et de l'ébullition qui en est la
conséquence* ne peut être atteinte que si le charbon mélangé au
minerai du composé à traiter est en quantité *suffisante* (1). La
proportion requise varie avec les conditions du minerai et du
charbon, variant avec leur division et le degré d'intensité de leur
mélange.

Quand l'alumine est employée sous la forme d'une fine poussière, et que le charbon est mélangé intimement avec elle, j'ai
trouvé qu'une proportion de charbon égale en poids à 15 0/0 du
mélange, est suffisante pour empêcher la formation du bain. Si
les matériaux sont plus grossièrement divisés et moins intimement mélangés, la proportion de charbon doit être plus considérable. Je préfère employer l'alumine ou un autre minerai du
composé imprégné de goudron ou d'un autre hydrocarbure lourd.
Cette alumine mélangée de goudron est réclamée à mon profit
dans la patente du 20 avril 1892, n° 29923.

La méthode de mélanger le charbon avec les substances à
réduire n'est pas essentielle dans mon invention présente, cela
seul est essentiel que pendant que les substances en traitement
sont soumises à la chaleur intime de l'arc électrique, du charbon
leur soit mêlé en proportion suffisante.

Ainsi, le mélange des deux corps peut être introduit primitive-
ment dans l'arc.

J'ai trouvé que si on introduit d'abord l'alumine et si on fait
entrer en fusion dans le four, de façon à produire des fluctuations
importantes dans la résistance du four, *l'introduction dans le
creuset de la proportion requise de charbon divisé* supprime ins-

_____

(1) Il est *impossible* dans ces conditions de fabriquer du carbure de calcium.

tantanément l'ébullition et rend la résistance du four constante
Dans ce cas, le charbon est mélangé avec l'alumine à cause du
grand mouvement de cette dernière, du à son ébullition, la suppression de l'ébullition survenant sans doute immédiatement
après le mélange du charbon avec l'alumine.

(Fig. 1.)

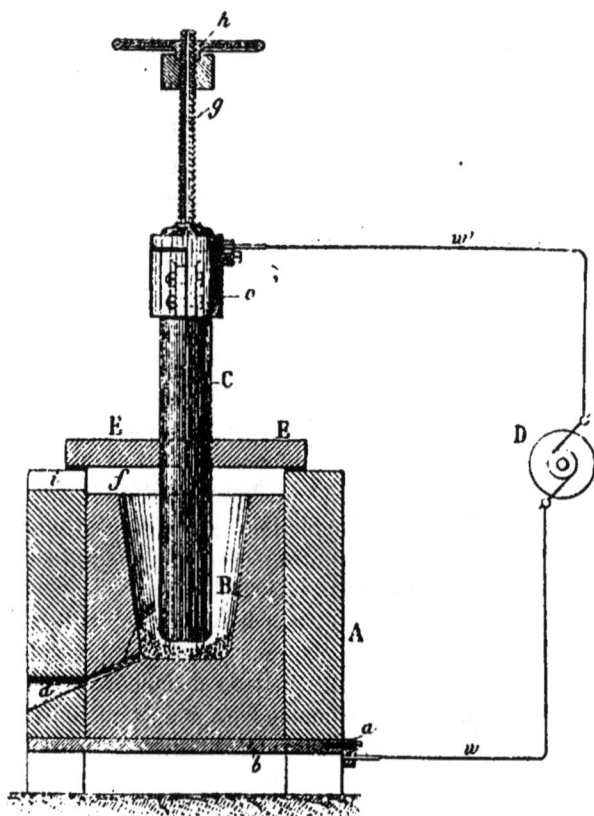

En mettant en pratique mon procédé pour la fabrication du
bronze d'aluminium, je trouve qu'il est préférable, après avoir
chauffé d'abord le four, d'introduire le cuivre qui fond instantanément et forme un lac de métal-base liquéfié dans le fond du
creuset, et ensuite d'introduire l'alumine imprégnée de goudron,

ou le mélange de poudre d'alumine et de charbon, en élevant le
crayon de charbon suffisamment pour maintenir l'arc. Le cuivre,
l'alumine et le charbon sont de préférence introduits en petites
quantités ou charges, et à de fréquents intervalles, et de préférence en alternant. Quand la réduction se fait, le bain de cuivre
qui est au fond du creuset est transformé en bronze d'aluminium,
dont la quantité augmente graduellement jusqu'à ce qu'après
plusieurs heures il est extrait du creuset sans refroidir le four, et
on recommence l'opération après cette interruption momentanée.
Le bain de bronze d'aluminium liquide n'est pas exposé à une
ébullition importante parce qu'il n'est chauffé que par dessus, de
sorte que les vapeurs produites ne le traversent pas. Le courant
qui le traverse ne produit pas de chaleur puisque le *métal fondu
est un excellent conducteur. C'est seulement dans le cas d'une
couche superposée de mineral fondu qu'une difficulté survient*
du fait de la formation d'un court-circuit, puisque ce minerai
étant un mauvais conducteur, il est chauffé par le passage du
courant à travers lui, aussi bien que par la chaleur de l'arc qui est
situé immédiatement au-dessus de lui et il se trouve porté à
l'ébullition.

Mais, grâce à mon invention, l'ébullition du minerai fondu est
complètement évitée, *puisque quoique fondu, il ne forme pas de
bain, mais forme avec le charbon interposé une masse tranquille,
flottant à la surface du bain de bronze fondu.*

Dans la mise en pratique de mon invention, le pôle positif de
la dynamo peut être mis en communication avec le creuset B, et
le négatif avec le charbon C, le courant passant de bas en haut ;
on peut aussi adopter la disposition contraire. Je préfère le courant ascendant, parce que je trouve qu'il expose beaucoup moins
à la détérioration des électrodes BC par l'oxydation. Le creuset B
est si complètement protégé par la présence des matériaux qui le
remplissent, qu'il ne peut être que très légèrement oxydé et en
faisant du crayon C l'électrode négative, il est beaucoup moins
exposé à s'abîmer que si elle était positive. De plus, la présence de
charbon interposé qui sert à l'agent réducteur évite presque complètement l'oxydation des électrodes, puisque l'oxygène qui se
sépare de l'alumine est instantanément pris par le charbon interposé qui est plus près des points d'où se dégage l'oxygène, que ne

le sont les surfaces des électrodes, et en conséquence, l'oxygène passe presque entièrement à l'état d'oxyde de carbone ou d'acide carbonique, avant d'arriver au contact des électrodes.

Mon invention présente n'est pas applicable aux fours à incandescence, c'est-à-dire à ceux dans lesquels la chaleur est produite par le passage d'un courant à travers une matière de résistance inégale, telle que du charbon de cornue, et je spécifie que je refuse son application à ces fours. Mon invention est applicable seulement lorsque la chaleur est produite par l'arc électrique. Les conditions essentielles pour le maintien d'un tel arc dans un four électrique sont bien comprises dans la science. L'arc est causé par la séparation des électrodes qui produit une interruption du circuit, et pour maintenir l'arc, au moins l'une des électrodes, doit être éloignée du contact de toute substance conductrice quelconque de faible résistance et qui donnerait lieu à la production d'un court-circuit suffisant pour éteindre cet arc. Dans certains cas, l'arc est formé et maintenu fermé au-dessus de la matière en traitement, ou au moins fermé au-dessus de cette portion de la matière directement en traitement.

Le meilleur moyen pour produire un arc est celui que j'ai décrit, dans lequel le courant passe verticalement dans un four, le creuset formant une électrode, et un crayon de charbon entrant dans sa concavité constituant l'autre électrode. D'autres dispositions cependant, sont possibles, quoique inférieures. Par exemple, deux crayons de charbon peuvent être adaptés aux extrémités respectives du circuit et pénétrer dans le creuset, ou disposés juste au-dessus d'un foyer (qui peut être non conducteur), et séparés pour former un arc entre eux, lequel arc jaillit au contact des corps en traitement, ou bien encore ils peuvent être ainsi arrangés que l'arc passe de l'un des crayons dans les sublances à réduire et de là, dans l'autre crayon formant ainsi un double arc.

J'ai appliqué mon invention à la *réduction* (1) d'autres métaux que l'aluminium. *Je la crois* applicable à la réduction des métaux suivants : baryum, calcium, manganèse, strontium, magnésium, titane, tungstène et zirconium.

Dans la fabrication des bronzes, *je me propose* de l'appliquer à la préparation de bronzes contenant du silicium et du bore.

(1) On voit bien que M. Willson spécifie la réduction d'autres métaux et non une fabrication d'un nouveau corps.

Mon invention est applicable à d'autres réactions chimiques
que celles qui sont désignées sous le nom de « réduction », employé seulement dans son sens métallurgique ; par exemple, je
propose de l'appliquer au traitement des composés des minerais
métalliques réfractaires, sans que ce soit nécessairement pour la
production des métaux eux-mêmes, mais pour la production
d'autres composés.

Par exemple, je l'ai déjà employé pour la réduction de la chaux
et la production du carbure de calcium (1).

Je revendique comme mon invention les nouvelles choses sui-
vantes spécifiées en substance précédemment, savoir :

1° Le procédé de décomposition des composés réfractaires
consistant à soumettre les composés, une fois mélangés avec du
charbon divisé et en quantité suffisante pour empêcher la formation d'un bain de composé fondu, à la chaleur continue d'un arc
électrique entre des électrodes séparées dont une (au moins) est
disposée immédiatement au-dessus de la matière en traitement,
de sorte que l'arc se trouve juste au-dessus de cette matière ; on
évite ainsi pendant l'opération des fluctuations dans la résistance
de l'arc qui proviendrait de la présence et de l'ébullition du dit
bain.

2° Le procédé de désoxydation des composés métalliques
réfractaires consistant à soumettre le composé une fois mélangé
avec du charbon divisé et en quantité suffisante pour *empêcher la
formation d'un bain de composé fondu*, à la chaleur continue d'un
arc électrique entre deux électrodes isolées, disposées l'une au-
dessus de l'autre, le dit arc se trouvant tout près de la matière en
traitement, ce qui fait que pendant l'opération on évite les fluctuations dans la résistance de l'arc. qui seraient dues à la présence
et à l'ébullition du dit bain.

3° Le procédé de réduction des composés métalliques réfractaires, consistant à soumettre le composé une fois mélangé avec
du charbon subdivisé et en quantité suffisante pour empêcher *la
formation d'un bain de composé fondu*, à la chaleur continue d'un

(1) Remarquons ici que M. Willson ne donne aucune analyse, il ne dit pas
s'il existe un ou plusieurs carbures de calcium, si même ce carbure est décomposable par l'eau. Il ne prononce ni le mot de carbure d'hydrogène ni celui
d'acétylène.

arc électrique produit en faisant passer un courant dans une direction à peu près verticale, entre les électrodes isolées, de sorte que l'arc est maintenu juste au-dessus de la matière en traitement, on évite ainsi pendant la réduction, les fluctuations dans la résistance de l'arc qui seraient dues à la présence et à l'ébullition de ce bain.

4° Le procédé de réduction de l'alumine qui consiste à la soumettre, une fois mélangée avec du charbon subdivisé et en quantité suffisante pour empêcher la formation d'un bain d'alumine fondue, à la chaleur continue d'un arc électrique entre des électrodes séparées et placées l'une au-dessus de l'autre, de manière que l'arc soit maintenu au-dessus de la matière en traitement ; on évite ainsi pendant la réduction, les fluctuations dans la résistance de l'arc et qui seraient dues à la présence de ce bain.

5° Le procédé de réduction d'un composé métallique réfractaire et qui consiste à mélanger avec ce dernier une *quantité suffisante de charbon finement subdivisé comme il est décrit*, à amener le mélange dans un arc électrique entretenu avec des électrodes séparées verticalement et à maintenir ce composé exposé à la chaleur continue de cet arc, de sorte que l'arc est maintenu immédiatement au-dessus de la matière en traitement ; *on évite ainsi la formation d'un bain de composé fondu*.

En foi de quoi, j'ai ci-dessous signé en présence des deux témoins ci-dessous.

Thomas L. WILLSON.

Témoins :

       Arthur C. FRASER.
       Charles K. FRASER.

Tel est le brevet de M. Willson ; comme on le voit, ce dernier n'a donné aucune analyse, aucune propriété des divers produits dont il parle dans sa patente. Il ne dit pas s'il existe plusieurs carbures de calcium ou un seul, si son composé se dédouble en présence de l'eau, pour donner un gaz quelconque, ce dont il ne s'est même pas aperçu, car il l'aurait évidemment spécifié dans sa patente.

Dès lors, l'Amérique n'aurait pas attendu les communications de M. Moissan, de 1894, pour voir dans le carbure de calcium un précieux agent d'éclairage. Bien plus, il ne prononce même pas le mot d'acétylène ; il n'a pas l'air de se douter de cette production.

Vraisemblablement M. Willson cherchait le calcium et ne pensait pas au carbure, du moins à un carbure décomposable par l'eau avec production de l'acétylène.

Par la suite, il est vrai, en janvier 1895, après les travaux de M. Moissan sur ce sujet, M. Th.-L. Willson, le même qui prenait en 1893 ce fameux brevet sans fusion cité plus haut, demandait un brevet en Allemagne dont je vais donner le texte, un brevet semblable au Canada et dans d'autres pays, où on lui opposait formellement le brevet de M. Bullier.

Voici le brevet demandé en Allemagne par M. Willson. Il est curieux à cause de la date de sa demande en 1895.

Procédé et appareils applicables à la fabrication du carbure de calcium

PAR

M. Thomas L. Willson.

Jusqu'à ce jour on n'a pu obtenir le carbure de calcium que sous forme amorphe, inconvénient qui avait sa cause autant dans le mode de fabrication que dans la présence des impuretés que *les procédés actuels* sont incapables d'éliminer.

Mon nouveau procédé permet d'obtenir le carbure de calcium sur une plus grande échelle et sous une forme nouvelle, c'est-à-dire à l'état d'une masse nettement cristalline, à irrisation bleue ou pourpre. Un point essentiel de mon procédé consiste dans la *fabrication d'un produit qui, en raison de sa pureté, peut constituer une base pour la fabrication de nouveaux produits.*

Mon procédé consiste en principe à broyer séparément, par voie mécanique, et à réduire à une poudre aussi fine que possible

du coke et de la chaux finement divisés, puis à mélanger intimement ces deux matières dans des proportions déterminées (de
préférence 35 0/0 de coke et 65 de chaux) (1) et enfin à soumettre
le mélange ainsi obtenu à l'action de la chaleur de l'arc électrique
dans un four de construction spéciale.

Dans le dessin, fig. 1, A représente un briquetage qui constitue
la paroi extérieure du four (2), B est une garniture intérieure en
charbon qui, bien que préférable, n'est pas indispensable.

Le fond du récipient est formé de pièces de charbon et constitue
l'un des pôles C, tandis que le second pôle est formé par un
cylindre mobile de charbon solide. E désigne un dispositif d'évacuation pour le produit final en fusion, c'est-à-dire le carbure de
calcium.

Le régulateur F permet d'imprimer au pôle un mouvement de
montée et de descente. G représente une dynamo à courant alternatif.

Il est bien entendu que le système de four que nous venons de
décrire brièvement peut comporter un certain nombre de modifi-
cations qu'il serait inutile d'indiquer.

En vue de l'exécution pratique de mon nouveau procédé, on
charge le four par en haut ou de toute manière convenable, puis
on relie les deux pôles CD aux bornes de la dynamo à courant
alternatif qui possède un potentiel moyen d'environ 55 volts et est
capable de fournir un courant d'une intensité suffisante pour la
production du carbure en quantité voulue. Par exemple, pour un
pôle ayant une surface d'électrode active de 8 pouces carrés, il est
préférable d'employer un courant d'environ 1500 ampères.

Jusqu'à présent, on considérait la fabrication du carbure de
calcium non comme un procédé de fusion mais comme une opération électrolytique (3). *J'affirme cependant que la formation du
carbure de calcium, réalisée dans les conditcons ci-dessus, doit
être considérée comme un simple procédé de fusion* (4).

(1) M. Willson ici a éprouvé le besoin de changer légèrement les chiffres de
M. Moissan qui sont 35 de coke et 56 de chaux.

(2) C'est le four du brevet de 1893, rien n'y est changé, celui dans lequel il
n'opère pas de bain de fusion.

(3) M. Willson n'oublie qu'une chose, c'est que c'est lui qui avant les travaux
de 1894, c'est-à-dire en 1893, considéra la chose comme telle.

(4) C'est curieux comme en deux ans les idées de M. Willson ont changé ;
mais cela n'a rien d'étonnant après les travaux français de 1894.

D'après mes observations, un avantage très appréciable de mon procédé réside dans ce fait que la masse en fusion de carbure de calcium formée pendant le procédé et recouvrant le pôle C composé de pièces de charbon, est elle-même un bon conducteur de l'électricité et, pour cette raison, peut s'accumuler à une hauteur quelconque au-dessus de ce dernier pôle sans nuire pour cela, en aucune façon, à la marche ultérieure du procédé. J'indiquerai, à titre d'exemple, comme très avantageuse, une hauteur de deux pieds ou plus pour la masse de carbure en fusion.

Il est évident qu'on peut aussi évacuer le produit en fusion par l'ouverture *ad hoc* E, au fur et à mesure de sa formation ; dans ce cas on recharge le four par en haut avec de nouvelles quantités du mélange de coke et de chaux, de façon que le procédé soit continu.

Le carbure de calcium en fusion ainsi obtenu se solidifie au refroidissement, en une masse cristalline dont les surfaces de rupture présentent une irrisation bleue ou pourpre.

Le procédé décrit ci-dessus et sa mise en pratique à l'aide de l'appareil en question assurent un rendement en carbure de calcium presque double de celui réalisé par l'utilisation du courant direct employé jusqu'à présent.

Outre ce rendement élevé, on peut encore considérer comme avantages importants l'uniformité et la continuité du procédé ; en effet, la matière à traiter peut être amenée au four d'une manière uniforme et le carbure formé peut en être évacué d'une manière semblable.

Afin de pouvoir exécuter le procédé dans les meilleures conditions possibles de régularité, il est important de réduire le coke et la chaux à l'état de division le plus fin possible, de préférence dans des machines à pulvériser. On mélange ensuite ces matières d'une manière aussi intime et aussi uniforme que possible, au moyen de mélangeurs appropriés, puis on les amène au four électrique où ils sont exposés à l'action de la chaleur de l'arc électrique engendré par un courant alternatif.

L'action du courant alternatif diffère absolument de celle du courant direct, seul utilisé jusqu'à ce jour, par ce fait que le courant alternatif provoque une série d'explosions à succession rapide, qui amènent d'une manière continue, le mélange de coke

2

et de chaux dans la sphère d'action de l'arc électrique. Ce qui a
pour résultat une formation non seulement très rapide mais
encore absolument uniforme de carbure de calcium.

Le procédé que je viens de décrire permet de fournir le carbure
de calcium en quantités suffisantes et à un état de pureté absolue.
L'importance de ces avantages est incontestable, si l'on considère
que ce produit peut trouver et trouvera certainement, en raison
de son prix de revient peu élevé, de nombreuses applications
pratiques, notamment dans le domaine de la fabrication du gaz
d'éclairage.

Revendications

1° Un procédé de fabrication de carbure de calcium consistant
à soumettre des mélanges intimes de coke et de chaux finement
pulvérisés, entre les pôles reliés à la source d'électricité, à l'action
d'un courant alternatif engendré par un dynamo de type quelconque ;

2° L'application, à la mise en pratique, du procédé spécifié reven-
dication 1, d'un four électrique composé en ses parties essentielles :

a) D'un briquetage extérieur A, avec ou sans garniture intérieure de charbon B et avec ou sans dispositif d'évacuation E ;

b) D'un pôle C formé de pièces de charbon et reposant sur la
sole du four ;

c) D'un pôle mobile D en charbon compact et pourvu d'un régulateur F.

Telle est cette demande de brevet auquel le gouvernement allemand a naturellement opposé le brevet accordé par lui à M. L.
Bullier le 21 février 1895.

De plus, dans une conférence faite à Philadelphie, il a été question d'une lettre personnelle de Lord Kelvin, accusant réception
à M. Willson d'une poudre noire non définie, décomposable par
l'eau. Cette lettre porte la date du 12 octobre 1892.

Elle est ainsi conçue :

« J'ai reçu et examiné le carbure de calcium que vous m'avez
« envoyé. Le corps ainsi que le gaz qui s'en dégage avec l'eau
« me paraissent intéressants. »

Lord Kelvin.

Nous ferons remarquer que cette lettre, bien que signée d'un nom que tout le monde vénère dans la science, ne dit pas si l'échantillon du carbure a été obtenu par le procédé de Wœhler, par celui de Maquenne, de Travers, ou par une méthode nouvelle. Cette lettre privée démontre que Lord Kelvin a reçu une poudre noire décomposable par l'eau : elle ne donne aucune indication sur la composition et le moyen de préparation de cette même poudre. Elle n'a aucune valeur pour établir la priorité de M. Willson.

Il est inutile maintenant d'insister après ce qu'on vient de lire. Les dates sont probantes et démontrent clairement que la découverte et la préparation de carbure de calcium cristallisé obtenu par *un procédé de fusion*, qui constitue un produit industriel absolument nouveau, sont bien une découverte française dont le mérite revient à M. Moissan et son collaborateur, M. Bullier. Ce dernier a obtenu le carbure de calcium industriel, donnant avec l'eau, le gaz acétylène. Il en compris de suite les applications et il a reconnu en particulier l'intensité lumineuse que ce nouveau gaz pouvait fournir à l'éclairage.

De plus, le gaz acétylène préparé par ce nouveau procédé est presque pur, ainsi que M. Moissan l'a démontré et que nous l'établirons plus loin; nous aurons d'ailleurs l'occasion de revenir sur ce sujet.

En résumé, la préparation au four électrique du carbure de calcium C^2Ca, défini, pur et cristallisé, carbure décomposable par l'eau froide avec dégagement d'acétylène, a été obtenue pour la première fois en France par M. Henri Moissan. M. Bullier en a poursuivi l'étude industrielle, tandis qu'en Amérique M. Willson donnait à ce produit une grande notoriété et le lançait de suite dans la voie des applications.

Il est juste aussi d'indiquer ici le nom de M. Borchers, auteur d'un traité d'électro-métallurgie publié en Allemagne et traduit par L. Gautier.

Il est curieux de voir combien certaines personnes cherchent par des formules un peu trop générales, à faire croire à tout le monde qu'elles ont tout découvert, ou sont capables de tout découvrir.

M. Borchers, dans la deuxième édition de son ouvrage, consacre un chapitre aux carbures alcalino-terreux. Inutile de dire que c'est lui qui a découvert le carbure de calcium, et tous les composés analogues.

Il a suffi à M. Borchers, pour cette découverte, d'une formule :

« *Tous les oxydes sont réductibles par le carbone chauffé au moyen de l'électricité.* »

C'est tout ; la partie de la chimie à laquelle M. Moissan a consacré déjà près de six années, est tout entière dans cette formule ; M. Moissan, M. Bullier, M. Willson lui-même, n'ont fait qu'appliquer la grande formule de M. Borchers.

Malheureusement, ce dernier a avoué lui-même son impuissance, quand il dit au début du chapitre des carbures :

« Lors de la rédaction de la première édition de cet ouvrage, je
« ne me suis que peu occupé de ces carbures, parce que, dans ce
« temps, le but de mes travaux était de découvrir des méthodes
« convenables pour l'extraction de métaux utilisables. *Mais de-*
« *puis cette époque, les carbures des métaux alcalino-terreux* ont
« acquis une grande importance, etc., etc. »

Nous comprenons très bien pourquoi M. Borchers ne s'est pas étendu sur les carbures dans la première édition de son ouvrage, et ceci s'explique très bien. Les travaux de M. Moissan n'étaient pas encore connus.

Nous laissons aussi le lecteur juge de cette phrase de M. Borchers dans le courant de son chapitre :

« Je ne doute pas le moins du monde que Moissan ne réussisse dans son four de fusion, à reproduire encore un grand nombre des réactions qu'en l'année 1891, j'ai RÉSUMÉES dans les quelques mots suivants : *Tous les oxydes sont réductibles par le carbone chauffé au moyen de l'électricité.* Il est seulement étonnant qu'on ait pu, en 1894, accorder en Allemagne, sous le nom de Bullier, un brevet pour la préparation de carbures alcalino-terreux, brevet qui s'appuyait sur la réductibilité, *fait connu depuis 1891,* de tous les oxydes, etc., et sur la transformation du calcium, autre fait connu depuis 1862, en carbure de calcium par combinaison avec le carbone à de hautes températures. »

Nous répondrons à M. Borchers que d'abord sa grande formule est fausse, puisque M. Moissan, qui ne se contente pas de formules vagues, n'a pas pu réduire la magnésie, et qu'ensuite jamais Wœhler n'a connu le carbure de calcium défini.

FOURS ÉLECTRIQUES

Considérations théoriques.

Nous avons vu dans ce qui précède que c'est au four électrique que M. Moissan a obtenu le carbure de calcium défini et cristallisé, tel qu'il n'avait pas encore été produit. Ce résultat, et tous ceux dont le chimiste français a rendu compte dans de nombreuses notes à l'Académie des Sciences, donnent une telle importance à ce moyen d'utilisation de l'électricité que nous croyons devoir y insister d'une façon un peu particulière. Les fours électriques, ainsi que le mot semble l'indiquer, devraient être des appareils de réduction, de fusion ou plus généralement de chauffage par l'électricité. C'est bien, en réalité, aux appareils dans lesquels l'énergie est transformée en énergie thermique que l'on devrait réserver cette appellation. On l'a malheureusement appliquée à de nombreux appareils où l'énergie électrique est *uniquement* transformée en énergie chimique. Aussi, nous croyons devoir insister sur ce point pour éviter les confusions faites jusqu'à ce jour dans ces transformations d'énergie au four électrique.

L'électrochimie ou électrolyse comprend l'ensemble de tous les phénomènes chimiques résultant de l'action du courant électrique.

L'électrométallurgie n'est qu'un chapitre de l'électrochimie concernant la production des métaux ou de leurs alliages par des procédés électriques ; cette industrie qui, il y a quelques années à peine, n'existait que de nom, s'est rapidement développée depuis quelque temps et prend chaque jour une nouvelle importance. Il est donc indispensable de bien classer les divers procédés électrométallurgiques.

Ce classement se fait tout naturellement en analysant avec soin ce qui se passe dans chaque procédé, et en décomposant rigoureusement les diverses transformations d'énergie qui se produisent.

Dans les uns, que nous appellerons *fours électriques électroly-*

tiques, la base du procédé est la transformation de l'énergie électrique en énergie chimique, pour obtenir des décompositions chimiques électrolytiques, que l'électrolyse se fasse par voie humide ou par voie sèche.

Dans les autres, que nous désignerons sous le nom de *fours électriques électrothermiques*, l'électricité est uniquement utilisée pour produire de la chaleur ; c'est la transformation de l'énergie électrique en énergie thermique qui est la base du procédé.

Cette distinction n'avait pu être précisé jusqu'à l'apparition des fours de M. Moissan dans lesquels l'action calorique du courant est nettement séparée de son action électrolytique.

Aussi croyons-nous devoir appeler particulièrement l'attention du lecteur sur ce point de l'utilisation de l'électricité à la production des plus hautes températures connues, cette utilisation des effets thermiques de l'arc électrique étant le point de départ de très intéressants et très nombreux progrès scientifiques et industriels.

On sait qu'avec un courant d'intensité I la chaleur dans un circuit dont la résistance est R est :

$R \times I^2 \times 0,24$ calories par seconde
et en un temps t : $R \times I^2 \times 0,24 \times t$.

Nous voyons donc que la chaleur, dans un circuit de résistance donnée, croît avec l'intensité du courant et n'a pour limite que la température de vaporisation de la substance dont est fait le circuit.

Mais si l'on place les matières que l'on veut mettre en réaction dans l'arc même, il devient difficile de séparer les actions électrolytiques des actions calorifiques du courant, sans compter que la vapeur de carbone et les impuretés des électrodes, qui le plus souvent sont loin d'être négligeables, interviennent rapidement et compliquent encore les conditions de l'expérience, d'autant plus que l'on opère souvent sur de petites quantités de matières et pendant un temps très court.

C'est ainsi que sont presque tous les fours électriques, soit que le creuset forme l'une des électrodes et que le courant traverse la masse à fondre, soit que l'on place une âme de graphite au milieu des matières à combiner.

Tout autres sont les fours électriques dans lesquels l'énergie électrique n'est utilisée que par sa transformation en énergie thermique. Dans ceux-là les matières à traiter sont placées en dehors de l'arc pour être soumises à la température élevée produite par l'arc.

Cette température atteint, d'après M. Violle, 3.500° au maximum, soit la température à laquelle se vaporise le charbon composant les électrodes.

Nous avons indiqué avec la formule exprimant la loi de Joule, que la chaleur d'un circuit électrique croît avec l'intensité du courant. Il faut bien remarquer que cette formule ne peut servir à calculer la température de l'arc ; elle indique avant tout la puissance qui apparaît entre deux points d'un circuit sous forme de chaleur et montre que cette chaleur dans un circuit de résistance R croît comme le carré de l'intensité.

Quoiqu'il soit difficile d'établir une formule établissant exactement la chaleur produite par l'arc électrique, l'étude de cet arc, qui peut être considéré comme une étincelle électrique entretenue par la volatilisation du charbon produisant entre les pointes voisines des électrodes une atmosphère rendue conductrice par sa température élevée, montre qu'il n'est pas nécessaire d'une tension élevée pour produire l'arc, mais que l'augmentation de l'intensité du courant augmente la température et le champ d'action de l'arc en produisant une volatilisation plus grande.

C'est du reste ce qui résulte des travaux de M. Moissan, qui a mis en évidence la relation qui existe entre la propriété calorifique du courant et son intensité, notamment par ses recherches sur la production du titane. Sous l'action d'un mélange déterminé, un mélange d'acide titanique et de charbon se transforme à l'air libre en protoxyde de titane ; si l'on augmente l'intensité, il y a formation d'azoture de titane ; et, pour une intensité encore plus grande, on obtient finalement du carbure de titane, le carbone étant le plus réfractaire des corps simples.

Cette classification des fours électriques bien établie, nous allons passer en revue les principaux types de fours électriques proposés jusqu'à maintenant, et dans lesquels l'action calorifique du courant joue un rôle, sans nous inquiéter des fours électriques électrolytiques, qui n'ont pas à être étudiés dans cet ouvrage.

Nous nous bornerons même, dans cette description de fours, aux types les plus intéressants, la question n'ayant pas à être traitée complètement ici, et nous laisserons tout à fait de côté les

nombreux modèles de fours décrits et même brevetés par des
inventeurs à l'imagination féconde, mais qui malheureusement
n'ont qu'une connaissance trop incomplète de la science de l'électricité pour pouvoir prétendre être les novateurs d'un réel progrès scientifique ou industriel, et qui n'ont proposé que des fours
n'ayant jamais fonctionné que sur le papier ou dans leur imagination et ne pouvant avoir une application pratique.

Le premier appareil intéressant date du 27 mai 1879. Il apparaît pour la première fois à l'Exposition internationale d'électricité en 1881, présenté par Sir William Siemens. Ce dernier
en a rendu compte dans les *Annales de Physique et de
Chimie*.

Il est du reste le type de presque tous les appareils du même
genre qui ont été imaginés depuis cette époque, avant les
fours électriques de M. Henri Moissan, fours qui marquent,
ainsi que nous le verrons plus loin, une étape nouvelle dans
l'ère des fours électriques par la séparation complète de l'action
calorifique du courant de son action électrolytique.

FOURS ÉLECTRO-THERMIQUES

Four de Siemens

L'appareil consiste (fig. 2), en un creuset ordinaire *a*, en plom-
bagine ou en tout autre matière réfractaire, placée dans une
enveloppe extérieure métallique, l'espace intermédiaire *b* est
rempli de charbon de bois tassé ou de toute autre matière peu
conductrice de la chaleur. Le fond du creuset est percé d'un trou
pour le passage d'une tige de fer, de platine ou de charbon
dense *c* que l'on emploie ordinairement pour l'éclairage électrique ; le couvercle du creuset est aussi percé pour le passage de
l'électrode négative *d*, constituée, de préférence, par un cylindre
comparativement volumineux de charbon comprimé. L'électrode
négative est suspendue par une lame de cuivre ou de tout autre
métal bon conducteur, à l'extrémité d'un balancier pivotant
autour de son milieu, l'autre extrémité du balancier porte un

cylindre creux en fer doux *e*, libre de se mouvoir verticalement
dans un solénoïde présentant une résistance d'environ 50 ohms.
On peut faire varier le balourd du balancier vers le solénoïde au
moyen d'un contrepoids mobile *g*, de manière à équilibrer la
puissance magnétique avec laquelle le cylindre en fer doux est
attiré dans le solénoïde. L'une des extrémités du solénoïde est
reliée au pôle positif et l'autre au pôle négatif de l'arc voltaïque,
à cause de la grande résistance qu'il oppose au passage du
courant, la force attractive que ce solénoïde exerce sur le cylindre
en fer est proportionnelle à la force électromotrice entre les deux
électrodes, ou, en d'autres termes, à la résistance de l'arc
même.

(Fig. 2.)

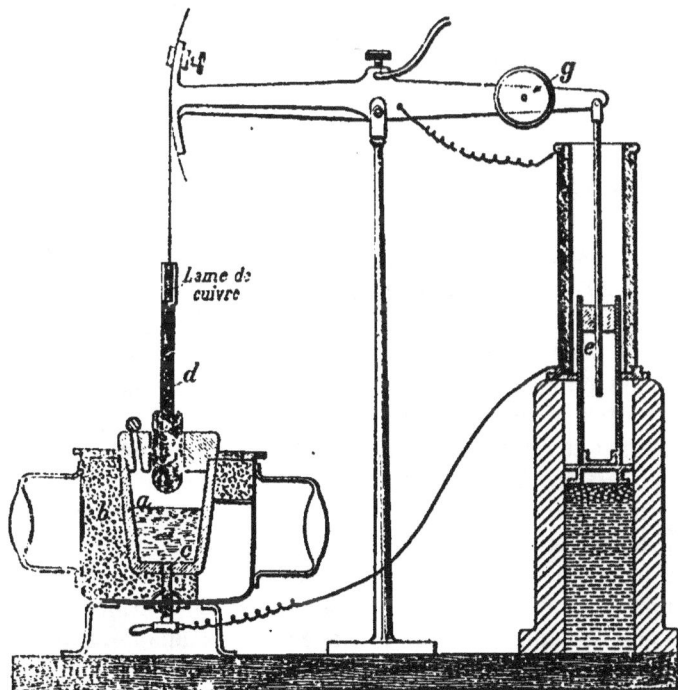

La résistance de l'arc est déterminée et fixée à volonté, dans
les limites permises par la puissance du courant, en faisant
glisser le contrepoids sur le balancier. Si la résistance de l'arc

augmente, pour n'importe quelle cause, la force du courant qui traverse le solénoïde augmente aussi, et sa force magnétique, entraînant le contrepoids, force l'électrode négative à descendre dans le creuset ; si la résistance de l'arc tombe au-de .ous de la limite fixée, le contrepoids abaisse le cylindre de fer doux dans son hélice, et la longueur de l'arc augmente jusqu'à ce que l'équilibre se rétablisse entre les forces en jeu.

Des expériences exécutées avec de longs solénoïdes ont démontré que la force attractive exercée sur le cylindre de fer ne doit varier que très peu, pour qu'il se déplace de plusieurs centimètres ; cette circonstance permet de conserver avec une amplitude de cette longueur, une action presque uniforme de l'arc.

Ce règlement automatique de l'arc est essentiel aux bons résultats de l'électro-fusion ; sans lui la résistance de l'arc diminuerait rapidement avec l'accroissement de la température de l'atmosphère du creuset, et il se développerait de la chaleur dans la machine magnéto-électrique. D'autre part, une chute soudaine ou une variation brusque de la résistance du métal soumis à .la fusion accroîtrait subitement la résistance de l'arc, jusqu'à presque l'éteindre, si cet ajustement automatique n'avait pas lieu.

Une des autres conditions essentielles au succès dans l'électro-fusion est de constituer le pôle positif de l'arc voltaïque par le métal que l'on veut fondre (1). On sait, en effet, que c'est surtout au pôle positif que la chaleur se développe, et la fusion de la matière qui forme ce pôle s'opère avant même que le creuset ait été porté à la température de fusion. Ce principe ne peut s'appliquer qu'à la fusion des métaux et des autres conducteurs électriques, tels que les oxydes métalliques. Dans la conduite de ce fourneau électrique, il faut d'abord dépenser quelque temps pour porter le creuset à une température très élevée, mais la chaleur s'y accumule néanmoins avec une rapidité surprenante. En employant une paire de machines dynamos-électriques capables de produire un courant de 70 ampères, avec une force de 7 chevaux-vapeur, et qui donnerait une lumière de 1200 bougies, on

---

(1) Nous ferons remarquer que nous citons la description de l'auteur, nous réservant de montrer plus loin que ses affirmations ne sont plus exactes depuis les travaux de M. Moissan.

pouvait porter en un quart d'heure, à la température de la chaleur blanche un creuset de 0 m. 20 de hauteur, entouré de matières non conductrices. On pouvait y fondre en un quart d'heure 2 kilogrammes d'acier.

(fig. 3).

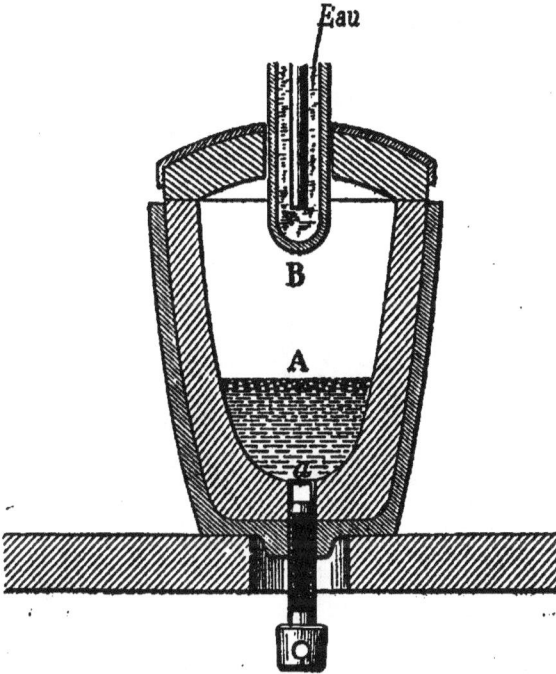

La réaction purement chimique que l'on se proposait de réaliser dans le creuset pouvait être troublée par la projection de particules détachées du charbon comprimé qui forme le pôle négatif, bien qu'il ne se consomme que très lentement dans une atmosphère neutre. Pour éviter cet inconvénient, Siemens a employé un pôle d'eau formé d'un tube de cuivre parcouru par une circulation d'eau, de sorte qu'il ne cède à l'arc aucune partie de sa substance. Ce pôle consiste simplement en un fort cylindre en cuivre, fermé à la partie supérieure (fig. 3), muni d'un tube intérieur concentrique qui se termine près du fond cylindrique, pour le passage du courant d'eau. L'eau entre et sort de l'appareil par un tuyau flexible en caoutchouc, ce tuyau étant d'un faible diamètre peu conducteur, la portion d'électricité qui se dérive du pôle vers le réservoir d'eau est négligeable. Il se perd, d'autre part, un peu de chaleur par la conduction du pôle d'eau, mais cette perte diminue à mesure que la température du fourneau augmente, d'autant plus que l'arc s'allonge, et que le pôle plonge de moins en moins dans le creuset.

Tel est le premier four électrique qui a paru en vue de l'utilisation des hautes températures.

Siemens a fait breveter en Angleterre un four électrique qui est assez semblable au four de M. Moissan (fig. 4). Malheureusement, il n'a jamais reçu la sanction de la pratique. Le brevet anglais est sous le n° 4208 de 1878.

(fig. 4).

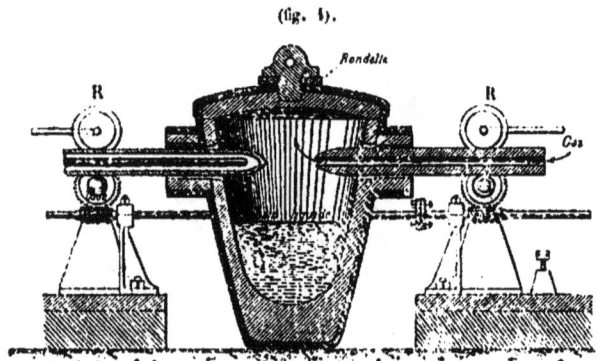

L'électrode A est en charbon ; l'électrode B consiste en un tube métallique qui peut être refroidi avec de l'eau ou de l'air froid. Les deux électrodes sont rapprochées ou écartées à l'aide des poulies rr et RR.

A côté du four Siemens, nous trouvons cité dans une conférence de MM. Girard et Street (1), comme ayant fait son apparition à l'exposition d'électricité de 1881, un four électrique breveté par M. J. L. Clerc, en 1880. La description de ce four est la suivante : « L'appareil de M. Clerc était ouvert et se composait d'un

_____

(1) Communication de M. Street à la Société Internationale des Électriciens, (avril 1896).

creuset de magnésie ou de calcaire, traversé par deux électrodes horizontales. » (fig. 5)

(fig. 5).

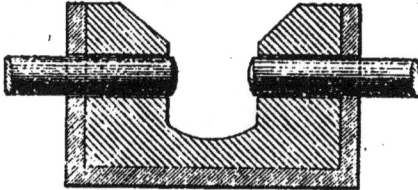

Cette trop sommaire description semblait indiquer une idée d'un réel intérêt, nous avons voulu la compléter en nous reportant au brevet. Malheureusement, nos recherches ont été infructueuses. Nous n'avons, en effet, trouvé en 1880 qu'un brevet n° 134.519 pris le 13 janvier 1880, par M. J.-L. Clerc, pour un *brûleur électrique*, ayant pour objet la fixation de l'arc à l'extrémité des charbons au moyen d'un corps réfractaire porté à une haute température, lequel corps réfractaire ajoute son pouvoir éclairant à celui des charbons et de l'arc. (fig. 6)

Ce brûleur se compose de deux charbons qui sont inclinés l'un vers l'autre et sont poussés à mesure de leur usure par un poids ou une colonne liquide. Ils butent sur un bloc de matière réfractaire.

L'arc se produit entre les pointes de charbon, échauffe la matière réfractaire et forme une atmosphère élevée à une très haute température qui retient l'arc vers la pointe des charbons. De plus, la matière réfractaire entre en ignition et son pouvoir éclairant s'ajoute à celui de l'arc.

Malgré la meilleure bonne volonté, ce brûleur ne peut être confondu avec un four et malgré nos recherches nous n'avons pas trouvé d'autre brevet de M. J.-L. Clerc, ni en 1880, ni de 1831 à juin 1896.

Il n'y a donc pas à attacher d'autre importance à ce soi-disant four, que nous n'avons cité que parce qu'il semblait intéressant comme creuset électrique, et qui n'a ni existé, ni fonctionné très probablement, mais qui, dans tous les cas, n'a jamais été breveté en tant que four.

Le four électrique qui présente le plus d'intérêt est certainement celui de Cowles (fig. 7). En 1885, en effet, MM. Alfred et Eugène Cowles prenaient une patente anglaise n° 6.994, au sujet d'un four électrique qui a été le début des intéressantes études entreprises par ces deux chimistes sur l'aluminium.

(fig. 6).

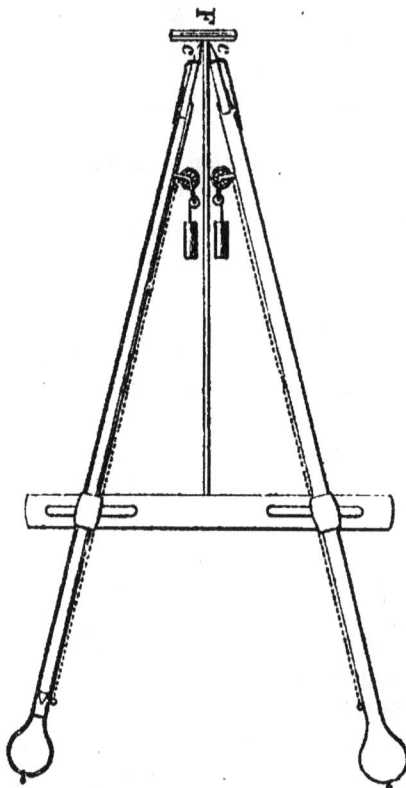

L'appareil se compose d'un cylindre A construit en silice, ou toute autre matière non conductrice de l'électricité.

Ce cylindre est entouré de charbon de bois en poudre ou toute autre matière mauvaise conductrice de la chaleur B.

On reconnaît là le principe de Siemens.

Cette sorte de cornue est terminée d'un côté par une plaque de charbon C, qui constitue l'électrode positive ; l'autre extrémité est

fermée par un creuset en graphite D, constituant l'électrode
négative.

Ce creuset, en même temps qu'il sert d'électrode négative,
constitue une fermeture étanche pour la cornue et une chambre
de condensation. La charge est introduite par l'ouverture que
laisse le creuset. Ce premier four servait à la réduction des minerais de zinc et d'aluminium.

Un des fours les plus importants qui apparaît ensuite est celui de
M. Grabau. Celui-ci constitue un intéressant appareil de fusion et
de réduction par l'arc voltaïque pouvant produire éventuellement
des alliages.

fig. 7).

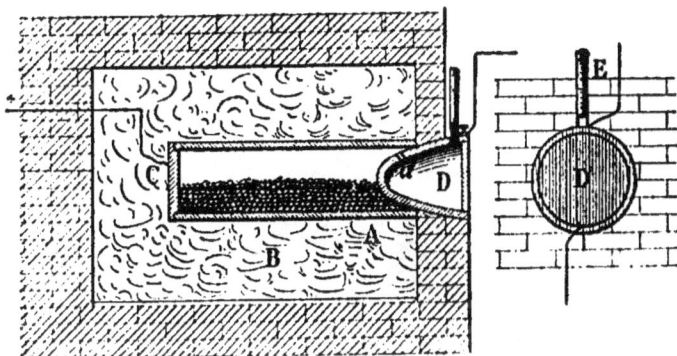

Il est bien évident, comme le dit M. Grabau, dans son brevet
n° 179.801 du 22 novembre 1886, que, quand on applique l'arc
voltaïque aux opérations de fusion, il est d'autant plus difficile de
régler l'arc et, par suite, la température du four que, dans le procédé ordinaire d'introduction des matières dans le four, par
simple versement à la partie supérieure, la résistance de l'arc
varie à mesure que le niveau de la masse en fusion s'abaisse.

Ces variations de résistance sont surtout considérables, quand
il s'agit de fondre des matières ne possédant aucune conductibilité
et qui flottent à la surface d'un métal liquide formant le pôle
positif, comme cela se passe dans le four électrique de Siemens.

Ces matières arrivent facilement sur l'arc voltaïque et l'étei-
gnent complètement.

Ces inconvénients des procédés ordinaires sont complètement
évités dans le four de Grabau, caractérisé par ce fait que la fusion
n'est pas opérée directement par l'arc voltaïque, mais à l'intérieur
du pôle liquide, au-dessous de la surface et par la chaleur du dit
pôle.

Ce qui distingue encore le nouveau procédé, c'est que la matière
à fondre n'est pas introduite par la partie supérieure du four,
mais par le fond du creuset au-dessous du pôle liquide ; elle reste
constamment au-dessous de la surface de ce pôle.

Le four se compose du creuset *a*, en terre réfractaire, dont le
couvercle porte le pôle négatif *b* ; ce creuset est placé dans un
récipient rempli de matières mauvaises conductrices de la chaleur.
Dans la disposition (fig. 8), la matière à fondre est traitée à l'état
pulvérulent et introduite à l'aide d'une presse *d'*, à travers le
fond du creuset en quantité convenable sous le pôle positif *c*.

fig. 8).

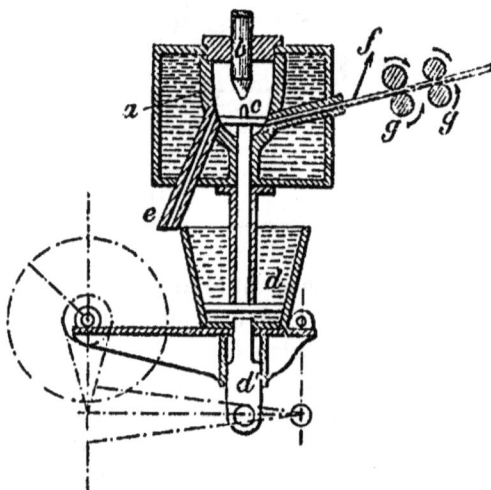

Le liquide polaire qui s'écoule avec elle est constamment remplacé par la baguette métallique *f*, qui sert en même temps de
conducteur électrique, et que l'on fait pénétrer dans le pôle liquide
c de la quantité voulue à l'aide du mécanisme *g*.

Comme l'indique la figure 9, le conducteur *f* peut être introduit

par le fond du creuset en même temps que la matière à fondre
d, et au milieu de la dite matière.

(fig. 9)

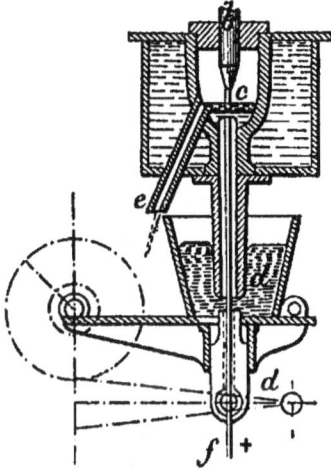

Enfin, comme on le voit dans la figure 10, la matière à fondre
peut aussi être introduite sous forme de baguette, par le côté du
creuset *a*, au-dessous de la masse polaire, et en même temps
qu'elle.

(fig. 10).

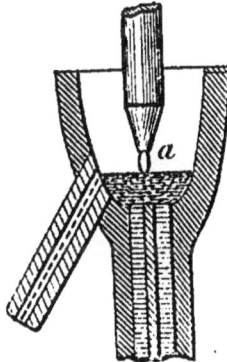

On voit que la condition à remplir dans l'application de ce procédé est d'introduire la matière à fondre au-dessus du niveau

3

supérieur du pôle liquide, de telle sorte que la fusion est opérée uniquement par la chaleur du pôle et non pas directement par l'arc voltaïque.

On peut se figurer la transmission de la chaleur dans la matière polaire par couches concentriques de température décroissante à partir du pôle proprement dit et où se trouve le maximum de température, de sorte que la matière à fondre commence à s'échauffer dans les zones intérieures et fond avant d'atteindre le pôle.

Le four Grabau pouvait parfaitement convenir à la production des alliages et à la réduction des minerais, et dans ce cas l'électrode positive qui doit fondre avec le minerai est constituée par un métal semblable à celui qui doit donner la réduction du minerai.

Le procédé était applicable quand le minerai à réduire donne le métal à l'état de vapeurs comme pour le sodium par exemple. Les vapeurs qui se dégagent du carbonate de soude et du charbon montent dans le creuset et se condensent.

Dans la même année 1886, MM. Cowles ont breveté un autre four dans lequel la matière à traiter entourait deux électrodes en charbon très rapprochés au début et que l'on écarte au fur et à mesure de l'abaissement de la résistance dans le four. Nous en donnons un dessin (fig. 11).

fig. 11).

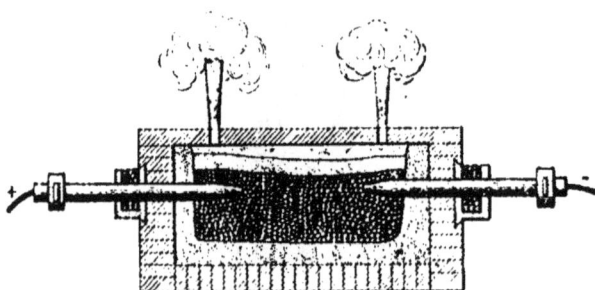

Enfin M. Acheson a imaginé le four qui lui a servi à la fabrication du carborundum ou siliciure de carbone, corps qui atteint la dureté du diamant. Le four d'Acheson (fig. 12) présente une très grande analogie avec le four de Cowles que nous venons de citer. Il consiste en une enceinte rectangulaire en briques réfractaires de 1 m. 83 de long sur 0 m. 46 de large et de 0 m. 30 de profondeur.

(fig. 12).

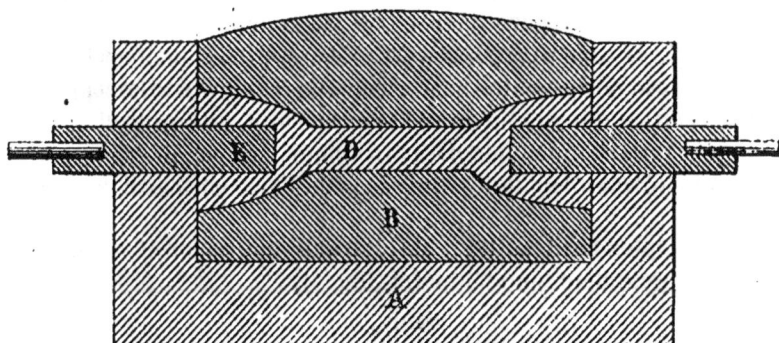

A est un massif en maçonnerie, B représente le mélange soumis à l'action calorifique du courant, C est la couche de carborundum commercial, D est le noyau central conducteur, E les électrodes en charbon et G une couche de carborundum impur, W le siliciure de carbone impur. (fig. 13).

(fig. 13).

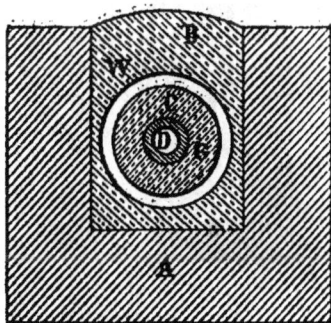

Après le refroidissement on trouve :

1° G une enveloppe d'un noir brillant autour d'un noyau central conducteur, au voisinage immédiat de celui-ci on trouve des cris-

taux de graphite ; plus loin un mélange de cristaux de carborundum et de graphite à raison de 66 0/0 du graphite et de 34 0/0 de
carborundum. Le carborundum de cette zone G renferme 30,5 0/0
de carbone et de 68,3 de silicium à côté d'une petite quantité de
fer et de chaux ;

2° La zone C est constituée par le carborundum marchand ;

3° La zone W est une gaine d'un blanc verdâtre, constituée par
du siliciure de carbone amorphe, de valeur nulle ;

4° Enfin la zone B représente le mélange primitif inattaqué.

L'âme ou noyau central conducteur en graphite divise forcément
le courant en formant un grand nombre d'arcs plus petits et d'intensité variable. A la place d'un arc unique, ce four présente une
cascade d'arcs dont la puissance calorifique changeait à tout
instant.

Un peu plus tard, en 1887, MM. Cowles ont construit un four
continu présentant un réel intérêt (fig. 14) :

(fig. 14).

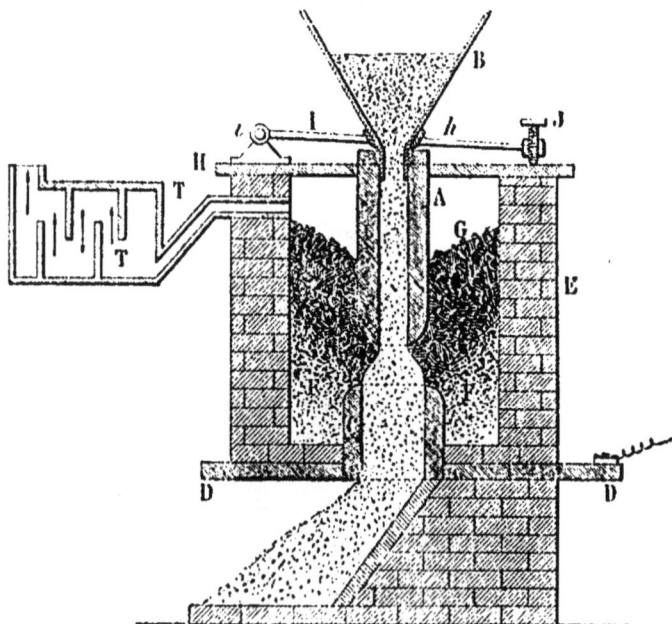

A est un tube en charbon qui constitue l'électrode positive, B est une trémie d'alimentation fixée à l'électrode A par sa partie inférieure, C est l'électrode négative en charbon de forme tubulaire fixée à la plaque D montée à la partie inférieure du four.

Les parois E du four sont en briques réfractaires et briques de silice. F est un remplissage de charbon de bois E ou de chaux et charbon mélangés qui entoure C et l'isole électriquement et calorifiquement. G est un remplissage analogue au précédent qui entoure la zone de fusion entre les deux électrodes. Le grain de ce remplissage est plus gros afin de permettre aux gaz qui accompagnent les réactions de s'échapper par le tube T qui les amène au condenseur t.

La partie supérieure du four est fermée par la plaque II munie d'un orifice h à travers lequel glisse librement l'électrode positive. Un levier I pivotant autour de l'axe i permet, à l'aide de la vis J, d'élever ou d'abaisser l'électrode A de manière à augmenter ou diminuer la zone de fusion ou compenser l'usure des électrodes.

Nous citerons ensuite les fours Héroult, inventeur français, qui incontestablement a fait faire un grand progrès à la question des fours électriques et plus particulièrement à la production de l'aluminium.

Les fours d'Héroult sont appliqués pour la fabrication de l'aluminium à Lauffen-Neuhausen, près de Schaffouse, par la Société électro-métallurgique suisse et à Froges, par la Société électro-métallurgique française. Nous décrirons sommairement le procédé en tant que four électrique. On place au fond du creuset en charbon conducteur enfermé et consolidé par une caisse en fer, du cuivre en morceaux que l'on fond par le passage du courant ; puis on y verse l'alumine sous forme de terre argileuse.

L'alumine fond et se décompose en oxygène qui brûle les plaques de charbon plongeant dans le bain et reliées au pôle positif de la source d'électricité, le creuset en charbon étant relié au pôle négatif, il se forme donc de l'acide carbonique et de l'aluminium qui se combine avec le cuivre pour former des alliages de composition déterminée. Les fig. 15, 16 donnent le plan et la coupe du fourneau électrique.

Le courant électrique est fourni par deux dynamos Brown à 6 pôles de 6.000 ampères et 20 volts chacune pesant 10.000 kg. excitées par une dynamo de 300 ampères et de 65 volts. Les con-

ducteurs qui amènent le courant au creuset sont des câbles de 7
à 8 centimètres de diamètre.

(fig. 15)

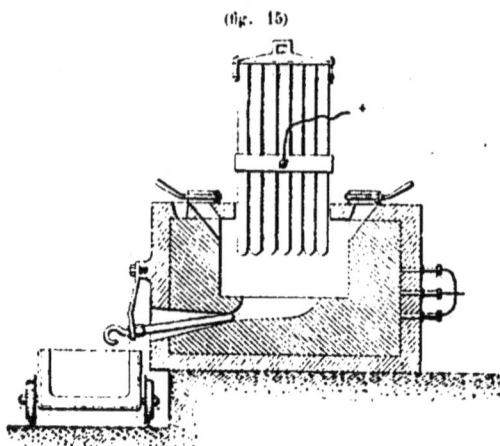

(fig. 16)

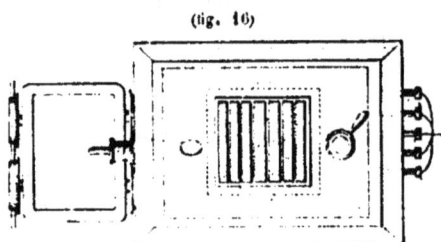

M. Kiliani a donné en 1889 un dispositif (fig. 17, 18) dans lequel
l'électrode positive reçoit un mouvement de pendule au moyen
du train *i k* qui lui imprime un mouvement de rotation dans le
bain *b*, dont le récipient fixe constitue l'électrode dans le bain *e*.

L'électrode positive est en lames de poussier de charbon de
cornue aggloméré avec 25 à 30 0/0 de goudron séché lentement
quatre jour dans une étuve à 150°.

L'électrode négative en cuivre débouche au fond de la cuve *b*
sous une couche de graphite aggloméré.

En 1890 apparaît le premier four de M. Willson (fig. 19), qui
ressemble d'ailleurs beaucoup à celui qu'il revendique dans les
patentes américaine et allemande dont il a été question dans notre
historique ; ce four a pour but de diminuer l'usure de l'anode dans
les fours électriques mixtes à action calorifique et électrolytique.

(fig. 17).

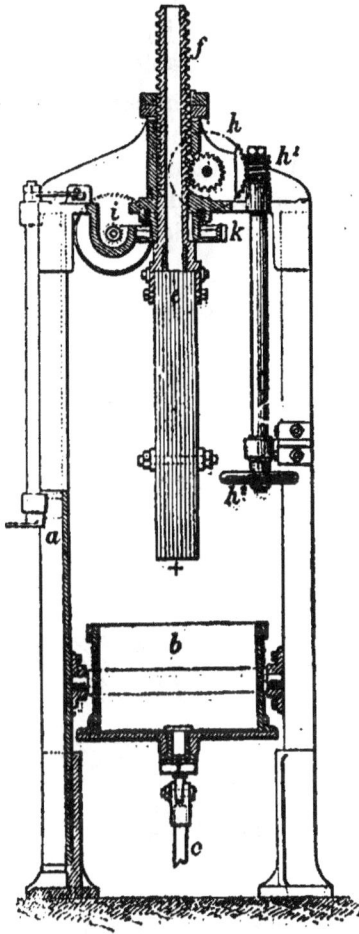

fig. 18).

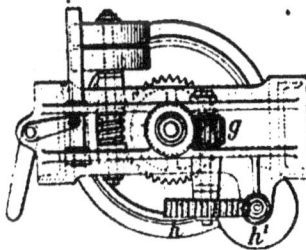

Dans ce but, l'anode est constituée par un tube en charbon à l'intérieur duquel il est envoyé un jet d'hydrogène, de gaz d'éclairage ou d'un hydrocarbure semblable.

Le four qu'il emploie pour la fabrication du carbure de calcium et qu'il a donné dans son brevet américain est le suivant (v. fig. 1) : A représente la maçonnerie du four ou d'une batterie de fours, B constitue le charbon graphiteux du fond du four et C la barre ou crayon de charbon constituant l'électrode mobile, et D la dynamo génératrice du courant.

(fig. 10).

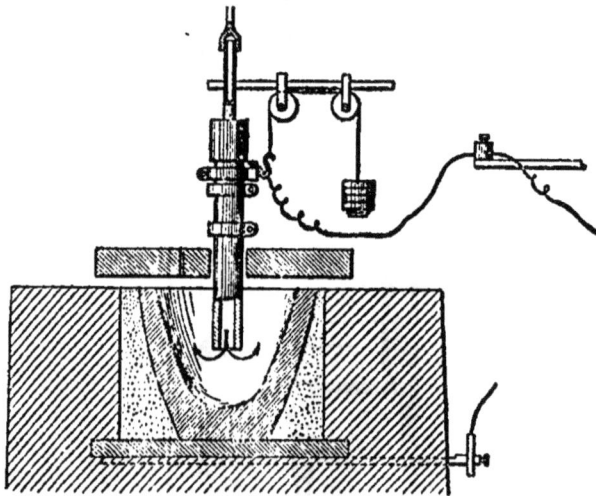

Des balais de la dynamo partent deux conducteurs, l'un *w* communique avec le revêtement intérieur B et l'autre *w'* avec le crayon mobile : les connexions sont généralement faites de la façon suivante : le conducteur *w* est relié à un méplat *a* réuni à une barre *b* placée sous le creuset, et le fil *w'* est relié à une douille en fer *c* embrassant le sommet du crayon mobile. Le bâti est généralement en briques réfractaires, qui conduisent mal l'électricité et le fourneau est recouvert avec deux plaques de charbon E ayant un trou central à travers lequel le crayon de charbon C pénètre dans le creuset.

Pour recueillir le résultat de la fabrication (1), c'est-à-dire le carbure de calcium (2), il existe un trou de coulée d, qui pendant l'opération est fermé par un tampon d'alumine, d'argile ou de toute autre matière réfractaire. Les plaques de charbon reposent sur les murs A de la maçonnerie de face du four, ils obturent ainsi le creuset, laissant un espace f pour éviter les court-circuits entre B et E.

Le régulateur, ou volant qui termine l'appareil, permet d'imprimer au pôle C un mouvement de montée ou de descente. Tel est le four que M. Willson employait en 1893 pour la réduction des oxydes réfractaires sans fusion et qu'il a trouvé excellent ensuite pour fabriquer du carbure de calcium fondu. C'est, en effet, le même four qu'il décrit dans son brevet allemand.

Le four est intéressant, il est cependant, à peu de chose près, la répétition du premier four de Siemens.

Les fours de M. Moissan diffèrent notablement de tous ceux-ci et, quoique n'étant que des appareils de laboratoire, ils permettent par leur construction même d'édifier des fours industriels légèrement calqués sur eux. Nous verrons, en effet, à propos du carbure de calcium, un four très particulier et nouveau construit uniquement dans le but de fabriquer industriellement les carbures métalliques alcalino-terreux. Je veux parler de celui de M. L.-M. Bullier.

Ainsi que nous l'avons fait ressortir dans la classification des fours électriques, les fours de M. Moissan sont les premiers dans lesquels l'arc électrique n'est employé que comme source de chaleur, les matières à traiter étant placées en dehors de l'arc.

M. Moissan, en effet, a tout d'abord demandé à l'électricité le moyen d'obtenir pour ses travaux des températures supérieures à 2.000°, limite que l'on ne pouvait dépasser avec le chalumeau à oxygène d'Henri Sainte-Claire Deville et Debray.

Dans ces fours électriques que nous allons décrire (3), l'arc

(1) Premier brevet américain (1893).
(2) Brevet allemand de 1895. Remarquons que c'est le même four.
(3) Note de M. Moissan sur quelques modèles nouveaux de fours électriques à réverbère et à électrodes mobiles (Annales de Chimie et de Physique, 7e série, t. IV, mars 1895). Le four Electrique. Moissan, Steinheil, éditeurs.

possède une grande régularité pendant toute la durée de l'essai
et leur maniement est des plus simples. Ils se distinguent de tous
ceux connus jusqu'alors par ce fait qu'ils permettent de soumettre les substances à traiter à la chaleur d'un arc produit par un
courant de grande intensité, cette chaleur étant concentrée dans
un four en chaux ou carbonate de chaux, matières les plus mauvaises conductrices de la chaleur existantes.

Le premier appareil qui a servi à M. Moissan dans ses remarquables études sur la reproduction du diamant s'est peu à peu
modifié au fur et à mesure de ses travaux et il a donné une série
de modèles simples et pratiques qu'il a divisés de la façon suivante :

1° Four électrique en chaux vive ;
2° Four électrique en carbonate de chaux pour creusets :
3° Four électrique à tube ;
4° Four électrique continu :
5° Four à plusieurs arcs.

Four électrique en chaux vive (1).

Il se composait de deux briques de chaux bien dressées et appli-
quées l'une sur l'autre. La brique inférieure porte une rainure
longitudinale qui reçoit les deux électrodes, et au milieu se
trouve une petite cavité servant de creuset.

Cette cavité peut être plus ou moins profonde et contient une
couche de quelques centimètres de la substance sur laquelle doit
porter l'action calorifique de l'arc. On peut aussi installer un petit
creuset de charbon renfermant la matière qui doit être calcinée.
La brique supérieure est légèrement creusée dans la partie qui
se trouve au-dessus de l'arc. La puissance calorifique de l'arc ne
tarde pas à fondre la surface de la chaux en lui donnant un beau
poli ; on obtient ainsi un dôme qui réfléchit toute la chaleur sur
la petite cavité qui contient le creuset. Les électrodes sont ren-
dues facilement mobiles au moyen de deux supports que l'on

---

(1) Henri Moissan. Sur un nouveau modèle de fours électriques (Comptes-
rendus, t. CXV, p. 988).

déplace, ou mieux de deux glissières qui se meuvent sur un madrier.

Dans ce four, nous le ferons encore remarquer pour bien souligner ce qui différencie ce four de ceux employés jusqu'ici, la matière n'est pas en contact avec l'arc électrique, c'est-à-dire avec la vapeur de carbone.

De plus, c'est un four électrique avec électrodes mobiles, point qui a une très grande importance. En effet, dans la conduite d'une expérience on peut soit allonger, soit raccourcir l'arc à volonté, ce qui montre qu'on simplifie beaucoup la conduite des expériences.

Disposition du four. (fig. 20).

Pour un courant de 35 à 40 ampères et de 55 volts, la brique inférieure a pour dimensions : 0 m. 16 à 0 m. 18 de long, 0 m. 15 de large, et 0 m. 08 d'épaisseur.

La partie supérieure qui forme le couvercle a une épaisseur de 0 m. 05 à 0 m. 06. On pourrait, avec un appareil de cette dimension, aller jusqu'à 100 et 125 ampères et 50 à 60 volts.

(fig. 20).

Avec des courants à plus haute tension, il est utile d'augmenter de 2 cm. à 3 cm. les trois dimensions du four.

Avec des fours de 22 à 25 cm. de long, on peut employer un arc de 450 ampères et 75 volts.

La chaux employée dans ce four est une chaux légèrement

hydraulique appartenant au bassin parisien et dite « du banc vert ».

Les électrodes sont faites de cylindres de charbon aussi exempts que possible de matières minérales. On doit les faire avec du charbon de cornue réduit en poudre et choisi dans le dôme de la cornue. Cette poussière de charbon est lavée aux acides pour la débarrasser autant que possible du fer qu'elle contient, elle est ensuite lavée et calcinée et finalement agglomérée au moyen de goudron. Les cylindres sont formés par une pression qui doit être très élevée et très régulière ; enfin, ils sont séchés avec précaution et calcinés à une température très élevée. Les électrodes en charbon de cornue ont l'inconvénient de s'élargir en forme d'éventail, au moment où le carbone se transforme en graphite.

On doit rechercher si, pour faciliter la fabrication des électrodes indiquées plus haut, on n'a pas ajouté au charbon soit de l'acide borique, soit des silicates ; M. Moissan refusait tout charbon contenant ces matières et qui renfermait plus de 1 0/0 de cendres.

Pour les petits fours en chaux vive, on employait des électrodes de 20 cm. de longueur et 12 mm. de diamètre. Avec les tensions de 120 ampères et de 50 volts on prenait des cylindres de 40 cm. de longueur et de 16 à 18 mm. de diamètre. En marchant avec une machine de 40 à 45 chevaux, on emploie des électrodes de 0 m. 40 et 0 m. 027 de diamètre.

Les extrémités des électrodes entre lesquelles l'arc doit jaillir sont taillées en cônes bien pointus. Cette précaution est importante surtout pour les petites tensions.

Lorsqu'on l'oublie, il est parfois très difficile de rallumer l'arc lorsqu'il s'est éteint au début de l'expérience. Sous les tensions de 350 ampères et 60 volts, on n'employait qu'une seule électrode terminée en pointe ; la section de l'autre restait plane.

D'ailleurs toute difficulté disparait dès que le four est chaud et qu'il est rempli de vapeurs bonnes conductrices qui permettent d'étendre l'arc et au besoin de le rallumer avec la plus grande facilité.

Creusets. — Les premiers employés étaient en charbon de cornue faits au tour et en un seul morceau (fig. 21).

Ils ont la forme d'un cylindre et portent deux encoches placées aux extrémités d'un même diamètre et assez grandes pour laisser passer avec facilité les électrodes.

Avec des machines de 4 à 8 chevaux les creusets ont les dimensions du croquis.

La transformation de ces creusets de charbon en graphite les fait gonfler, c'est un inconvénient ; il vaut mieux avoir des creusets en agglomérés, faits au moule, par compression et d'une seule pièce ; ils conservent leurs formes sous l'action des plus hautes températures.

Après l'expérience, ils sont simplement formés par un feutrage assez fin de lamelles de graphite possédant une rigidité suffisante.

Il est utile de maintenir un espace annulaire vide autour du creuset, de sorte que les rayons calorifiques réfléchis par le dôme puissent l'envelopper complètement.

Dans ce four, on obtient immédiatement un carbure de calcium puisque la chaux est réduite à la haute température de l'arc par le carbone ; mais pour le préparer cristallisé, il faut placer le mélange défini dans le creuset du four.

(fig. 21).

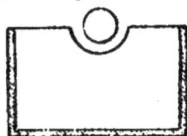

Il faut alors, pour chauffer convenablement le creuset, tasser une couche de magnésie au fond de la cavité du four.

L'oxyde de magnésium est, en effet, le seul oxyde irréductible par le charbon, que M. Moissan ait rencontré.

Lorsque l'expérience dure assez longtemps, la magnésie peut fondre, se combiner à la chaux déjà liquide qui existe dans le four, se volatiliser même sans fournir de carbure.

Conduite de l'expérience. — M. Moissan, dans son ouvrage « le Four Électrique » a pris (1) comme exemple l'expérience qui démontre la volatilisation de la chaux vive.

La chose étant d'un très vif intérêt, je la reproduis *in extenso* :

(1) Steinheil, éditeur, 2, rue Casimir Delavigne, Paris.

« Nous n'avons pas besoin ici, dit-il, de creuset, puisque nous opérons sur la matière même du four. On commence par découper dans la brique inférieure une petite cavité de 2 cm. à 3 cm. de profondeur. Les électrodes sont ensuite placées dans les rainures et fixées par une pince aux montants que supportent les glissières (v. la fig.), enfin rapprochées à 2 cm. ou 3 cm. l'une de l'autre, de façon que la première se trouve exactement au-dessus du centre de la cavité.

On fait passer le courant de la dynamo dans le circuit, et en approchant lentement la seconde électrode de la première, on établit le contact et l'arc jaillit.

On perçoit aussitôt une odeur très pénétrante d'acide cyanhydrique.

La petite quantité de vapeur d'eau qui se trouve dans les électrodes, fournit avec le carbone de l'acétylène. Ce gaz, en présence de l'azote que renferme le four au début de l'expérience, réalise sous l'action puissante de l'arc, la belle synthèse de l'acide cyanhydrique découverte par M. Berthelot.

La lumière émise par le four électrique, colorée par la flamme du cyanogène, a pris, tout d'abord, une belle teinte pourpre, qui disparaît bientôt. Il faut avoir soin, dès le début, de ne pas trop écarter les électrodes ; lorsque le four est encore froid, l'arc s'éteint avec facilité. Quelques instants plus tard, il n'en est plus de même ; on peut alors donner à l'arc une longueur plus grande. Au début, l'arc même avec des courants intenses n'atteint pas 1 cm., tandis qu'à la fin de l'expérience, il possède en général, une longueur de 2 cm. à 2 cm. 1/2. Si le four est rempli d'une vapeur métallique bonne conductrice (aluminium par exemple), on doit éloigner les électrodes de 5 m. à 6 m. La grandeur de l'arc sera donc réglée d'après la marche du voltmètre, de façon à avoir toujours une résistance à peu près constante et à maintenir la dynamo dans son régime normal.

Après trois à quatre minutes avec un courant de 360 ampères et 70 volts, les électrodes ne tardent pas à rougir, des flammes éclatantes de 40 centimètres à 50 centimètres de longueur jaillissent avec force par les ouvertures qui donnent passage aux électrodes de chaque côté du four (fig. 22). Ces flammes sont surmontées de torrent de fumées blanches qui sont produites par la

volatilisation de la chaux et qu'il est facile de condenser en partie
sur un corps froid.

Ces vapeurs se répandent dans l'atmosphère et restent plusieurs heures en suspension.

Avec un courant de 400 A. et 80 V. l'expérience se réalise en
5 à 6 minutes : sous l'action d'un courant de 800 A. et 110 V. on
peut volatiliser en 5 minutes plus de 100 gr. d'oxyde de calcium.

(fig. 22).

Au début de la chauffe, l'arc possède une certaine mobilité et le
four ronfle beaucoup, mais en peu d'instants les vapeurs métalliques augmentent la conductibilité, l'écoulement de l'électricité se
fait avec régularité et sans bruit. La chaleur et la lumière deviennent alors très intenses à l'intérieur du four. Lorsque l'expérience
est terminée, on enlève la brique de chaux supérieure et l'on
remarque de suite que la partie soumise à l'action calorifique de
l'arc est absolument fondue. Avec une machine de 50 à 100 chevaux, il se forme souvent sur le couvercle de véritables stalactites
de chaux fondue qui ont coulé lentement du dôme, puis se sont
solidifiées à la fin de l'expérience ; ils ont ensuite l'apparence de
la cire. »

La mauvaise conductibilité de la chaux a contribué utilement à
la réussite des résultats obtenus par M. Moissan. Elle rend presque négligeable la déperdition de la chaleur produite par l'arc
électrique. Les résultats obtenus avec des fours construits en
magnésie ont été très inférieurs à cause de la conductibilité plus

grande de la magnésie. Quant aux fours construits en charbon ils ont donné une perte énorme de calorique.

Après l'expérience le charbon positif ne présente que peu d'usure, tandis que le négatif est rongé plus ou moins profondément. Les extrémités des électrodes sur une longueur de 8 centimètres sont entièrement transformées en graphite.

Il faut prendre des précautions avec les courants à haute tension.

Lorsque le four est en pleine marche sous l'action d'une machine de 100 chevaux les vapeurs qui emplissent le four donnent lieu à des courants dérivés dont il faut se garantir.

De même la lumière du four oblige à en faire autant pour les yeux.

Enfin, nous attirerons spécialement l'attention des industriels sur un dernier point. Lorsque l'on emploie un four en pierre calcaire, il se forme une grande quantité d'acide carbonique. Ce composé, au contact des électrodes portées au rouge et de la vapeur de carbone, produit d'une façon continue un dégagement d'oxyde de carbone. Les cylindres de charbon qui constituent les électrodes, en fournissent aussi une petite quantité.

Ce gaz n'est brûlé qu'incomplètement et si l'on ne prend pas de grandes précautions pour ventiler les ateliers de fabrication, on ne tarderait pas à provoquer l'empoisonnement tous les ouvriers par l'oxyde de carbone.

Cet empoisonnement se manifeste par des céphalées intenses, des nausées et une lassitude générale.

Ce premier modèle de four est celui qui a servi à M. Moissan pour la cristallisation des oxydes métalliques, pour préparer le graphite foisonnant, pour établir la facile volatilisation du carbonne dans le silicium, dans le platine et dans un grand nombre de métaux.

La difficulté de trouver des blocs de chaux non gercés et bien homogènes a fait substituer assez rapidement le carbonate, de chaux ou pierre à bâtir à la chaux vive.

Four en carbonate de chaux. (Fig. 23)

Ces fours présentent une plus grande solidité, et permettent de construire de plus grands fours économiquement.

Disposition du four. — On donne à la pierre la forme d'un paralléllpipède dont la grandeur variera avec l'intensité du courant.

Avec une machine de 4 chevaux, le four sera formé par deux briques dont l'inférieure aura 10 centimètres de hauteur, 18 centimètres de longueur et 15 centimètres de largeur.

$$\text{Pour} \quad 45 \text{ chevaux} \quad 15 \times 20 \times 30$$
$$100 \quad — \quad 20 \times 35 \times 30$$

Il est bon, pour des fours de plus grandes dimensions, comme 'es fours industriels, de former la partie intérieure du four par un assemblage de plaques alternées de magnésie et de charbon (1).

Il est nécessaire de dessécher bien complètement les blocs de calcaire qui servent à la construction du four.

(fig. 23).

Il est bon aussi d'entourer les fours de frettes en fer, pour éviter les fentes, ou autres accidents.

Le creuset sera toujours placé sur un lit de magnésie surtout dans la fusion des oxydes métalliques autres que la chaux, pour éviter justement la formation du carbure de calcium, qui mettrait en peu d'instants les creusets hors d'usage.

(1) Monsieur J.-A. Berne, 57, avenue du Maine à Paris, a réalisé des revêtements de four absolument parfaits.

Lorsque l'on veut condenser les vapeurs de corps difficilement volatilisables à haute température, M. Moissan emploie un tube métallique refroidi intérieurement par un courant d'eau. Ce dispositif a fourni d'intéressants résultats à Deville dans ses belles recherches sur la dissociation.

Electrodes. On peut répéter ici ce qui a été dit pour le four électrique en chaux vive.

Dans les grands fours on adopte des dispositions spéciales pour les machines

Lorsque l'on emploie des courants ayant des intensités de 1.200 à 1.400 ampères et 100 volts, les fours en chaux sont rapidement mis hors d'usage.

Dans des fours à capacité intérieure de 10 cm. on obtient de très mauvais résultats, fusion et volatilisation de la chaux, sifflement de vapeur par les ouvertures, crépitation et soulèvement du couvercle ; on ne peut plus continuer le maniement du four.

Il faut alors avec les tensions élevées, creuser au milieu du four une cavité avec plaques de magnésie et de charbon. Ces plaques sont disposées de façon telle que la magnésie soit toujours au contact de la chaux vive et la plaquette de charbon à l'intérieur du four. L'oxyde de magnésium étant irréductible par le charbon ne pourra disparaître que par volatilisation tandis que, à ces hautes températures, la chaux fondrait au contact du charbon et produirait facilement le carbure de calcium liquide.

On peut faire de même pour le dessus de la cavité du four.

C'est avec cet appareil que M. Moissan a pu faire ses célèbres expériences sur la reproduction du diamant noir et du diamant transparent et cristallisé, préparer quelques kilogrammes et affiner le chrome, l'uranium, le tungstène, le molybdène, le zirconium et le vanadium.

C'est ce four qui lui a permis d'amener la silice et la zircone à l'état gazeux, de distiller ces composés, d'établir la volatilisation par la chaleur de l'arc, du cuivre, de l'aluminium, de l'or, du fer, de l'uranium, du silicium et du carbone.

C'est enfin ce four qui a permis à M. Moissan de préparer le siliciure de carbone, le borure de carbone, le borure de silicium, et enfin les carbures ou acétylures de calcium, de baryum et de strontium cristallisés et différents autres carbures.

Four à tube (fig. 24).

Pour éviter la formation des gaz acide carbonique, hydrogène, oxyde de carbone, qui remplissent le four et compliquent les réactions, M. Moissan a adopté une forme de four ainsi conçue : un bloc de pierre à grain fin (aussi complètement exempt de silice que possible) est coupé sous forme d'un parallélipipède.

Construit comme le four précédent, un tube de charbon traverse le four et les plaquettes latérales perpendiculairement aux électrodes. Il est disposé de façon à se trouver à 1 cm. au-dessous de l'arc et à 1 cm. au-dessus du fond de la cavité.

(fig. 24).

L'appareil, disposé dans ces conditions, peut être chauffé longtemps avec des courants variables d'intensité.

La partie du tube de charbon exposée à cette haute température se transforme entièrement en graphite.

Mais, si le tube est en carbone pur, s'il ne touche pas la chaux, et s'il a été préparé avec soin et sous une forte pression, le graphite forme un véritable feutrage et le diamètre du tube ne change pas sensiblement.

C'est au moyen de ce four que l'on peut étudier les actions des gaz ou vapeurs sur certains corps à haute température.

Four électrique continu.

L'appareil que nous venons de décrire possède un tube de charbon horizontal ; si l'on incline ce tube de 30°, le four se transforme en un appareil de production des métaux réfractaires, appareil continu, au milieu duquel on peut amener par glissement le mélange d'oxyde à réduire, tandis que le métal liquide s'écoule avec facilité sur ce plan incliné. Dans ce four électrique continu, comme, d'ailleurs, dans le four électrique à tube, M. Moissan sépare complètement les phénomènes électrolytiques des phénomènes calorifiques.

Four à plusieurs arcs.

Le four à plusieurs arcs n'est utile que dans le cas où l'on veut obtenir de grandes quantités de matières.

Tels sont les appareils qui doivent servir de guides lorsque l'on veut obtenir les hautes températures au moyen de l'arc électrique.

On a construit de nombreux modèles de fours électriques, s'appuyant plus ou moins sur ces principes pour la fabrication du carbure de calcium industriel.

Nous mentionnerons ici, tout de suite, celui de M. Vincent, qu[i] ne doit guère avoir encore reçu d'application. Nous nous réservons de décrire les autres au chapitre de la fabrication industrielle.

Ce four (fig. 25) comprend un canal horizontal A, dans lequel est disposé un lit de charbon B, constituant l'une des électrodes. C'est une ouverture verticale débouchant dans le canal et dans laquelle glisse l'autre électrode D, formée de blocs de charbon rectangulaires, encastrés dans une boîte métallique T, qui peut se relever et s'abaisser au moyen d'une tige E, d'une corde F et d'un treuil G. Quand une certaine quantité du charbon D est consumé, l'électrode doit être abaissée, afin qu'il y ait toujours entre les deux électrodes, une distance uniforme et que l'arc fonctionne avec une intensité et un voltage constants.

Comme il était désirable de rendre automatique l'alimentation de l'électrode mobile ou positive T, ce résultat a été obtenu au moyen d'un solénoïde H, placé en série avec les électrodes et dans lequel se meut un noyau magnétique. Ce noyau est rattaché à la corde F, par l'intermédiaire de laquelle il soulève et abaisse l'électrode D. Le treuil G n'est employé que pour mettre l'électrode D en position ; le solénoïde régulateur l'y maintient.

Il est désirable que la boîte T ferme complètement l'ouverture verticale e, de manière que l'air ne puisse pénétrer jusqu'aux électrodes, ce qui occasionnerait une usure anormale des charbons.

. (fig. 25).

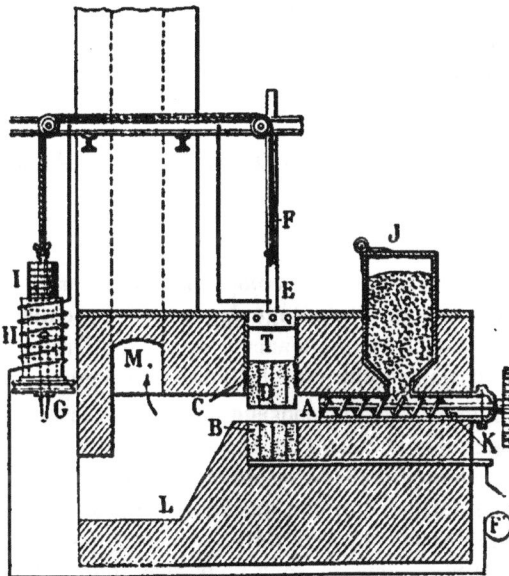

La matière à traiter, préalablement pulvérisée, est placée dans une trémie J, d'où elle tombe sur une vis d'alimentation K; qui la pousse dans le canal entre les électrodes. Quand le produit résultant de la fusion est formé, la matière non fondue qui arrive entre les électrodes le chasse dans la fosse L, où il s'accumule et se conserve dans une atmosphère chaude jusqu'à ce qu'on l'enlève.

Une cheminée M est ménagée pour l'échappement des gaz engendrés par la fusion et s'ouvre latéralement à l'extrémité du canal A qui doit être continu et dont la section doit être uniforme dans toute sa largeur, particulièrement dans la partie où sont situées les électrodes.

Il existe bien aussi des fours construits par M. Borchers, pour la préparation des carbures alcalino-terreux, mais ils n'ont rien d'intéressant ; ce sont, paraît-il, les fours avec lesquels M. Borchers a pu écrire sa grande formule :

Tous les oxydes sont réductibles par la chaleur obtenue au moyen de l'électricité.

Malheureusement ils n'ont rien de commun avec des fours électro-thermiques. On en trouvera la longue description dans son *Traité d'électro-métallurgie*, M. Borchers n'ayant jamais fait que de l'électrolyse et non de l'électro-thermie.

FABRICATION DU CARBURE DE CALCIUM

La fabrication industrielle comprend trois opérations bien distinctes : le broyage et tamisage des matières premières, chaux et charbon, la fusion et combinaison de ces matières au four électrique, la cristallisation par refroidissement lent ou brusque.

La première opération consiste en un concassage, et broyage et tamisage de la chaux et du charbon, qui sont passés au malaxeur. Le mélange, 56 parties de chaux contre 36 de charbon, à la sortie de ce dernier doit être absolument pulvérulent, et contenir exactement les proportions de chacun des composants. Il est ensuite introduit dans le four pour être soumis à une fusion complète permettant la réaction chimique à haute température.

Nous allons décrire les fours employés à cet effet :

Fours électriques de M. Bullier en vue de la préparation des carbures métalliques.

Ces fours sont particulièrement destinés à obtenir la fusion des matières à des températures élevées, en plaçant l'arc au sein même d'un mélange de charbon et de l'oxyde ou d'un sel du métal dont on veut obtenir le carbure.

Voici la description de deux types de fours disposés en vue de leur application pour la production du carbure de calcium et de tous les autres carbures que l'on peut obtenir par fusion.

La fig. 26 montre en coupe verticale un four dont le fond ou sole est horizontal et mobile.

La fig. 27 est la vue en plan.

La fig. 28 montre en coupe verticale un type de four dont la sole est inclinée.

Ce système de four, dont la section est carrée de préférence, est constituée par des murs *a* formés de briques en magnésie, en chaux, en carbonate de chaux ou tout autre matière réfractaire convenable.

Le fond ou sole en métal, en charbon, ou en toute autre matière conductrice est articulé autour du point *c* et maintenu en place pendant la réaction par un contrepoids *r* et par une fermeture quelconque *d*.

Ce fond est relié avec le pôle négatif d'une source d'électricité ; il constitue donc un des pôles de l'appareil.

Un charbon *e* en communication avec le pôle positif de la source d'électricité forme le second pôle de l'appareil et plonge dans le mélange de chaux et de charbon.

Au début de l'opération on rapproche le charbon *e* du fond *b* pour faire jaillir l'arc, dont la chaleur produit la fusion du mélange qui l'entoure. Dans ce système de four le travail ne se produit jamais en court-circuit, l'arc jaillissant entre l'électrode mobile et le bain fondu.

Au fur et à mesure que la réaction s'opère, il se produit autour du charbon une cavité *f*, au fond de laquelle se dépose le carbure fondu, et au fur et à mesure que le mélange formant les parois de cette cavité entre en réaction, on relève le charbon *e* et la masse de carbure augmente progressivement de volume.

L'alimentation de cette chambre de réaction a lieu d'une façon continue, au moyen de ses parois qui sont généralement constituées par des produits pulvérulents.

Cette façon d'opérer permet donc de concentrer l'action calorifique de l'arc et d'effectuer les réactions dans un espace très restreint, en évitant ainsi toute déperdition de chaleur, et utilisant la totalité de la chaleur produite.

La matière non entrée en réaction, forme donc par elle-même, comme on le voit, les parois intérieures du four qui se trouvent (fig. 26 et 27).

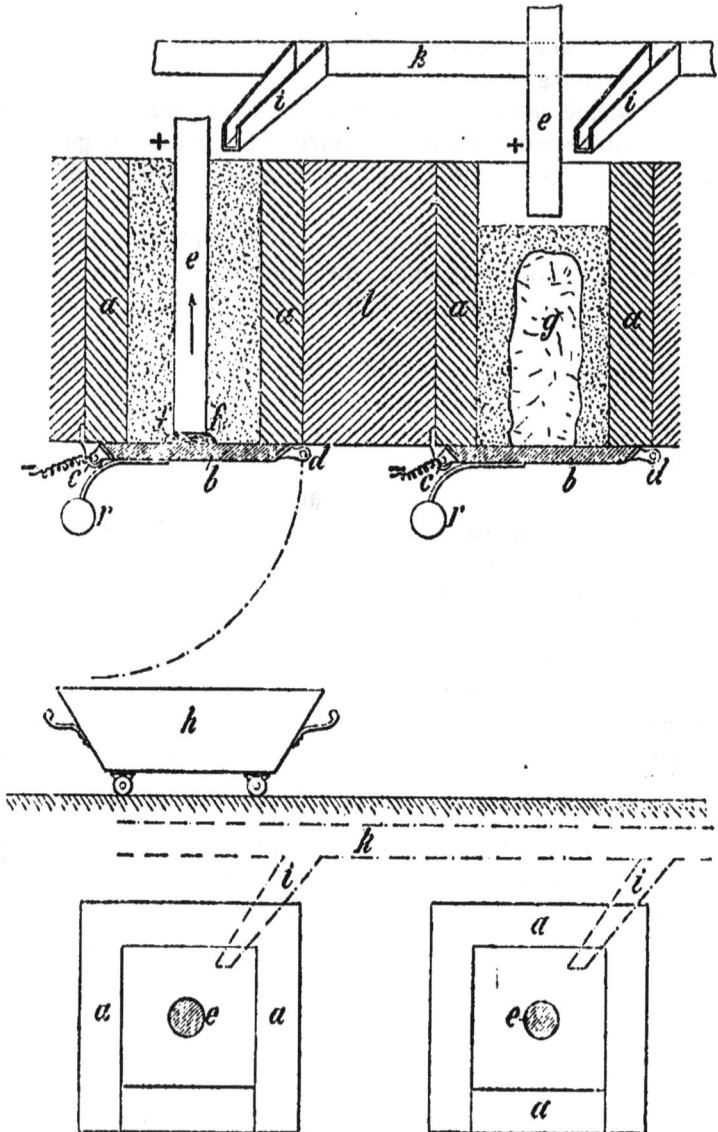

ainsi constituées par des oxydes mélangés au charbon et qui sont mauvais conducteurs de la chaleur.

En augmentant la section transversale du four, on peut donc y produire un garnissage intérieur très épais, de matière non entrée en réaction, qui permet d'opérer dans un four dont les parois extérieures ne sont plus nécessairement construites en matériaux réfractaires mais peuvent être constituées par une matière quelconque, puisqu'elles n'ont plus pour but que de maintenir les produits servant à l'obtention du corps cherché.

(fig. 28).

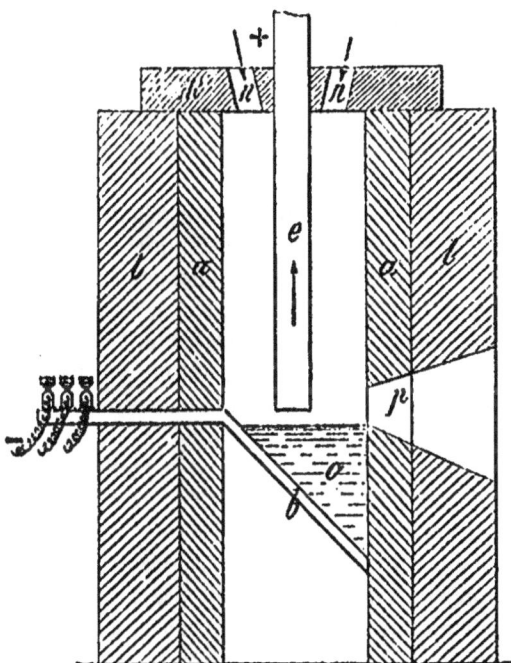

On se trouve ainsi ramené aux conditions réalisées dans le four imaginé par M. Moissan et qui lui ont permis d'obtenir la réduction des oxydes métalliques considérés jusqu'à ce jour comme non réductibles.

A la fin de l'opération, on rompt le circuit électrique et le four contient un bloc *g* de carbure. En faisant alors basculer le fond *b*, le bloc *g*, ainsi que la matière qui n'est pas entrée en réaction, tombent dans un wagonnet *h*, pour être transportés dans un tamis où la séparation du carbure de calcium et de la matière non traitée a lieu.

Chaque four ainsi constitué, peut être alimenté de matière à traiter, par un conduit mobile *i* branché sur un collecteur *k*.

De cette façon, dès qu'on a vidé le four, il suffit de refermer le fond, de descendre le charbon, de charger à nouveau et commencer une nouvelle opération.

L'espace entre chaque four peut être rempli par de la magnésie pulvérisée ou de la chaux ou même du carbonate de chaux convenablement disposé autour des murs et former une sorte de revêtement *l*.

Dans le cas où le fond du four est fixe la matière traitée qu'il contient peut, après l'opération, être retirée en enlevant une des parois du four.

Dans le type de four représenté fig. 28, le fond *b* relié à l'un des pôles de la source électrique (le pôle négatif par exemple) est incliné, il est constitué comme précédemment par une plaque en matière conductrice, telle que métal ou charbon. Les murs sont également constitués par des briques en magnésie, chaux ou carbonate de chaux et munis d'un revêtement de même matière.

Le revêtement peut être maintenu, soit par des briques, soit par une garniture métallique ou toute autre matière convenable.

Le couvercle *m*, également en magnésie, en chaux ou carbonate de chaux, est muni d'orifices *n* pour l'introduction de la matière à traiter et livre passage au charbon *e* relié à l'autre pôle de la source d'électricité.

Dans ce dispositif, la partie inférieure du four forme une chambre *o* dans laquelle on place au préalable du carbure de calcium, sur lequel on amène le charbon *e* au contact lors de la mise en marche.

L'appareil est muni d'un trou de coulée *p* qui permet d'évacuer le carbure fondu.

Le carbure que l'on recueille peut être soit coulé, c'est-à-dire, refroidi brusquement, soit cristallisé par refroidissement lent.

Dans ce dernier cas, les cristaux sont à gros grains, le dégagement d'acétylène avec l'eau est extrêmement rapide.

Les carbures fabriqués par ce procédé donnent un rendement de 340 litres d'acétylène par kilogramme.

Le carbure de calcium est ensuite emballé dans des bidons soudés où il est complètement à l'abri de l'air.

Le prix de revient de la tonne de carbure peut s'obtenir théoriquement très approximativement.

Il dépend surtout du prix du cheval hydraulique, et de l'usure des dynamos génératrices du courant producteur de l'arc.

On peut admettre qu'un cheval électrique produit 4 kilogrammes de carbure en 24 heures.

Prenons maintenant pour l'application du prix de revient l'exemple d'une usine de 1000 chevaux fabricant par jour 4 tonnes de carbure de calcium.

MATIÈRES PREMIÈRES.

Coke pulvérisé et chaux en poudre.

Il faut 2.400 kil. de coke et 3.800 kil. de chaux.

Le poussier de coke ou l'anthracite en poudre reviennent à environ 25 fr. la tonne.

Du fait des matières premières la dépense sera de 174 fr.

MAIN-D'ŒUVRE.

1° Du four.

Pour une usine de 1.000 chevaux électriques, il faut compter deux batteries de 5 fours, employant huit hommes de jour et huit hommes de nuit à 5 francs.

Les rouleurs et chargeurs seront au nombre de trois par équipe, ce qui fait six hommes à 4 francs.

Puis les soudeurs-emballeurs, deux hommes à 3 francs.

Cela fait un total de main-d'œuvre du four de 110 fr.

2° Des turbines et moteurs électriques.

Un chef mécanicien....................	10	
Un électricien.......................	5	
Un aide........................	4	19

Personnel d'administration.

Directeur........................... 25
Comptable.......................... 6
Aide-comptable 4
Garde-magasin..................... 4
Concierge.......................... 3   42

Réparations des dynamos comprenant la
dépense des électrodes.....................   52

Frais de bureaux, amortissement du capital,
assurances, droits de licence................   200

Cela fait un total de dépenses par jour de   fr. 597

Nous admettrons enfin que la force hydraulique coûte 100 fr. le kilowatt-an.

Le kilowatt = 1 ch. 33.

Par conséquent 1.000 chevaux en un jour coûtent 206 fr.

Ceci suppose une force louée. Généralement quand la chute appartient à l'exploitant les frais de turbines et de réparation des travaux de la chute ne s'élèvent pas à un aussi gros chiffre.

Admettons-le cependant.

La somme totale est représentée par 803 fr.

Ce qui met la tonne de carbure à 200 fr. environ.

Il y a quelques dépenses qui n'ont pas été comprises dans ce chiffre, telle que l'emballage, le transport.

Ces nombres sont assez variables ; pour donner un chiffre se rapprochant davantage de la vérité, il faut admettre le prix de 250 fr. (1) ; il pourra s'élever à 300 fr. dans des installations plus modestes.

Description de l'Usine de Spray. (2)

Cette usine, formée de trois corps de bâtiments réunis sur une même ligne, comprend : une turbine actionnant les génératrices de courant, deux fours électriques pour la production du carbure

---

(1) Cependant, comme on le voit, tout dépend du prix du cheval-hydraulique qui, s'il est abaissé, abaisse immédiatement le prix de revient de la même quantité.

(2) Spray, Caroline du Nord, Amérique. Froges.

de calcium et deux autres appareils mécaniques, dont un sert pour pulvériser le coke et la chaux, l'autre pour mélanger ces deux substances qui servent à l'alimentation des fours.

Turbine. — Le moteur hydraulique consiste en une turbine Leffel, de 0,65 de diamètre de roues d'aubes, pouvant donner 300 chevaux sous une chute de 8 m. 53. Le nombre des révolutions est de 206 par minute. La manœuvre des vannes s'opère à la main, et les dimensions de celles-ci sont telles qu'il suffit de les ouvrir aux trois-quarts, pour actionner la turbine avec la puissance ci-dessus mentionnée.

Dynamos génératrices. — La turbine est couplée par courroies à deux alternateurs Thomson-Houston, du type à 14 pôles, produisant 130 kilowatts, avec une vitesse angulaire de 1070 tours par minute et donnant un maximum de tension effective de 455 volts en pleine charge.

Chaque alternateur est excité par une dynamo Thomson-Houston du type de 110 volts, 18 ampères et 2.500 tours par minute.

Les deux excitatrices sont entraînées par des courroies disposées en tendeurs sur deux poulies montées sur les parties extérieures des arcs des alternateurs.

Fours électriques (fig. 29, 30). — Les deux fours électriques ont leurs façades ouvertes et sont situés à côté l'un de l'autre ; ils sont construits en briques, et la façade est en partie fermée par des portes en fonte. Le fond ou base intérieure de chaque four a une superficie de 91 cm. × 75 cm. ; la partie supérieure élevée d'environ 2 m. 50 se termine en forme de cheminée servant à l'évacuation des gaz dégagés pendant l'opération.

Une plaque de fer de 182 cm. de long, 75 cm. de large et 4 à 5 cm. d'épaisseur occupe le fond des deux fours. Elle porte deux plaques de charbon de 91 cm. de long, 75 cm. de large, et de 15 cm. à 20 cm. d'épaisseur. Ces charbons constituent les électrodes inférieures ; leur entretien et renouvellement n'exige que peu de dépenses, car ils peuvent facilement être réparés avec les charbons qui restent de l'électrode supérieure. Cette façon d'opérer permet d'utiliser les charbon *in extremis* et de réaliser une notable économie sur la consommation.

L'électrode supérieure de chaque four est constituée par un faisceau formé de 6 charbons de 30 cm. sur 20 cm. de côté et 90 cm. de long, et d'un poids environ de 14 kg. Ces charbons sont réunis côte à côte et placés dans une enveloppe protectrice en fer. Les interstices sont remplis avec un mélange de coke pulvérisé et de goudron versé à chaud, de sorte que les charbons et l'enveloppe deviennent solidaires et ne forment plus qu'un bloc compact. Cette électrode est suspendue verticalement et maintenue par une mâchoire métallique fixée à l'extrémité d'une tige en cuivre de 8 cm. × 8, qui est elle-même reliée à une chaîne passant sur une poulie fixée à la partie supérieure du four et qui va s'enrouler sur un volant placé sur le côté du tableau de distribution. Ce volant est manœuvré à la main par l'ouvrier chargé de la surveillance du four, et sert à élever ou à abaisser l'électrode, selon les besoins. La consommation de l'électrode par heure de travail est d'environ 0,5 m.

(fig. 29 et 30).

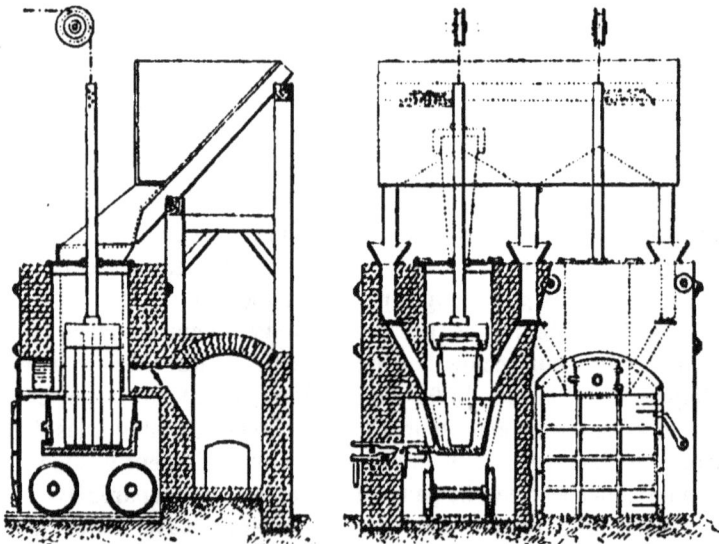

Matériaux. — Les matériaux employés pour la fabrication du carbure de calcium sont la chaux, le coke et, incidemment, le charbon pour les électrodes.

Pulvérisateur et malaxeur. — Le coke et la chaux sont d'abord réduits en poudre fine par leur passage entre les cylindres du pulvérisateur avant d'être jetés, en proportions convenables, dans un appareil dont l'axe mobile est muni de palettes qui mélangent les deux substances.

Mode opératoire. — Le coke pulvérisé est passé dans un tamis d'environ 50 mailles par cm² et la chaux en poudre dans un de 30 mailles par cm². Leur mélange est fait suivant les proportions exprimées par la réaction :

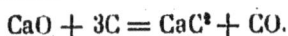

$$CaO + 3C = CaC^2 + CO.$$

Dans cette équation, 56 parties (en poids) de chaux, devraient être mélangées à 36 parties de charbon pour donner, par la combinaison, 64 parties de carbure de calcium. En d'autres termes, le mélange devrait contenir théoriquement 60,87 pour 100 de chaux et 39,13 pour 100 de carbone.

Les deux substances convenablement mélangées forment une poudre homogène, qui est transportée près des fours électriques. La charge de ceux-ci s'effectue en jetant quelques pelletées du mélange sur la plaque qui porte l'électrode inférieure ; la réaction s'opère en établissant l'arc entre les deux électrodes. La tension et l'intensité du courant, qui au début de l'établissement de l'arc sont sujets à de fréquentes variations, deviennent à peu près fixes au bout d'un quart d'heure, leurs valeurs sont alors 100 volts et 1600 ampères. Sous l'action de l'arc, dont la longueur est d'environ 7,8 cm., le mélange qui se trouve immédiatement sous l'électrode supérieure, est converti en carbure de calcium fondu. Au fur et à mesure que l'on ajoute de nouvelles charges, la masse de carbure de calcium s'élève graduellement et tend à réunir les deux électrodes ; on rétablit alors l'arc en remontant l'électrode supérieure au moyen du volant de manœuvre. De temps en temps, on ajoute un peu de mélange de coke et de chaux, pour entretenir la transformation. L'oxyde de carbone en ignition forme des flammes qui colorent les vapeurs du calcium, et qui enveloppent parfois l'électrode supérieure. On évite autant que possible cet inconvénient par une ventilation énergique, qui entraîne les vapeurs et les gaz dégagés pendant l'opération.

L'ouvrier chargé de la surveillance du four en activité est placé près du tableau de distribution, à portée du volant servant à élever ou abaisser l'électrode supérieure. Son travail consiste à maintenir l'arc en observant les indications du voltmètre et de l'ampèremètre, et à élever l'électrode supérieure jusqu'à bout de course de la tige de suspension. Quand cette tige est arrivée à ce point de la course, l'opération est presque terminée, on cesse d'ajouter de nouvelles charges, mais on maintient l'arc jusqu'à ce que les portions du mélange ajouté en dernier lieu soient converties en carbure. Le courant est alors supprimé et est envoyé à l'autre four, dont l'opération commence pendant que le premier se refroidit et que le carbure de calcium produit se solidifie. Après solidification, ce carbure est enlevé du four ; le bloc de carbure obtenu possède assez grossièrement la forme d'un prisme vertical de section rectangulaire, dont la partie supérieure se termine un peu en pointe.

Une couche de scories recouvre sa surface extérieure ; ces scories contiennent du carbone, de l'oxyde, du carbonate et du carbure de calcium. Le carbure de calcium, renfermé dans ce revêtement, demeure en fusion pendant plusieurs heures après la cessation de l'opération.

La portion du mélange qui n'a pas été convertie en carbure varie de 50 à 75 pour 100 de la charge totale. On la retire du four éteint pour être employée dans une opération suivante, mais comme une partie du carbone de ce mélange s'est oxygéné en donnant du gaz carbonique, on y ajoute un peu de charbon de bois pulvérisé pour rétablir les proportions originelles.

Expériences et résultats.

Deux expériences complètes furent faites dans un même four. Voici le détail de la première :

On pesa 514 kg. de chaux et 362 kg. de coke, on les mit ensuite dans l'appareil malaxeur.

Les analyses ont donné :

Pour la chaux :

Eau et acide carbonique.	4,55
Silice	0,28
Acide phosphorique	0,014
Oxyde de fer et d'aluminium	1,58
» de calcium.	88,86
» de magnésium	4,27
Alcalis, acide sulfurique et pertes. .	0,446
	100.000

Pour le coke :

Humidité	0,40
Cendres	8,60
Soufre	0,48
Phosphore	0,0055
	9,4855

Les deux matières premières dont le poids total était de 906 kg. avant leur mise dans le malaxeur furent de nouveau pesées avant d'être employées ; le poids total n'était plus que 863 kg., la perte dans le malaxeur et dans le transport était donc de 44 kg.

L'analyse du mélange montra qu'il contenait :

Chaux	451 k. 9 ou 52,32 0/0
Charbon	321 k. 1 ou 37,3 0/0
Résidus, oxydes de magnésium, de fer, d'alumine, acide carbonique, humidité, etc.	90 k. ou 10,38 0/0

L'opération au four dura trois heures. L'intensité moyenne du courant primaire fut de 156 ampères et la tension moyenne de 1000 volts, ce qui correspondait à une intensité moyenne totale de 1.500 ampères et une tension de 100 volts dans le circuit secondaire alimentant les fours. L'énergie électrique fournie aux circuits primaires des transformateurs fut de 454,8 kilowatts-heure ou 609,7 chevaux-heure, chiffres représentant une puissance moyenne de 151,6 kilowatts ou 203,2 chevaux. En admettant une perte de 5 0/0 dans les transformateurs, l'énergie correspondante au four était de 432,1 kilowatts-heure ou 579,2 chevaux-heure, ce qui représentait une puissance moyenne de 144 kilowatts, ou 193,1 chevaux.

Le four vidé, le carbure recueilli pesait 102 kg. 71 et le poids du mélange non converti était de 603 kg. 46.

Le bloc de carbure était recouvert d'une couche de scories contenant elles-mêmes du carbure de calcium, car en traitant ces scories par l'eau, il s'en dégageait un peu d'acétylène ; les autres matières étrangères contenues dans ces scories représentent un poids de 4 kg. 53, laissant ainsi un bloc de carbure de calcium net de 98 kg. 18.

Le nombre de centimètres cubes de gaz humide dégagés par 0,4535 kilogrammes de carbure sous la pression d'une colonne de mercure de 75,90 cm. à la température de 15° cent. fut :

		litres
Fond de la masse (moy. de 3 détermin.)		131,40
Centre de la masse	—	134,40
Partie sup. du bloc	—	129,16

La deuxième expérience faite à l'usine de Spray, a été faite avec 562 kg. 34 de chaux pulvérisée avec 362 kg. 80 de coke également pulvérisé dans le malaxeur ; ces quantités représentaient un poids total de matière de 925 kg. 14.

L'analyse de la chaux donna :

Eau et acide carbonique	4,02 0/0
Silice..............................	0,34
Acide phosphorique...............	0,015
Chaux	89,00
Ammoniaque, acide sulfurique et pertes........................	0,605
Magnésie......................	4,38
Oxydes de fer et alumine	1,64
	100,00

L'analyse du coke donna :

Humidité......................	0,50 0/0
Cendres.............	8,50

Les deux substances convenablement mélangées furent enlevées du malaxeur et portées à proximité du four pour en opérer la charge ; là, le mélange accusait dans une nouvelle pesée un poids de 898 k. 68 ; d'où une perte de 26 k. 46 due au transport et à l'opération du mélange.

L'analyse de ce mélange donna :

Chaux......................	466 k. 09 ou	54,50 0/0
Charbon....................	307 k. 21 ou	35,97
Résidus, magnésie, alumine,		
acide carbonique, eau, etc...	119 k. 00 ou	9,53
	892 k. ou	100,00

Opération : 2 h. 40'.

La quantité totale d'énergie électrique fournie au circuit primaire des transformateurs fut de 408,9 kilowatts-heure ou 548,1 chevaux-heure, ce qui représente une puissance moyenne de 153,4 kw. ou 205,6 chevaux.

En admettant 5 0/0 de perte dans les transformateurs, celle fournie au four était de 388,5 kilowatts-heure ou 520,7 chevaux-heure, représentant une puissance moyenne de 145,7 kw. ou 195 ch.

Le mélange non converti, retiré du four environ 2 h. 1/2 après la cessation de l'opération, pesait 685 k. 13 et contenait :

Chaux.......................	357 k. 76 ou	54,80 0/0
Charbon.....................	222 k. 57 ou	34,13 »
Résidus, magnésie, oxyde de fer,		
alumine, acide carbonique, eau.	104 k. 80 ou	11,01 »
	685 k. 13 ou	100,00 0/0

Le bloc de carbure de calcium produit avait un poids brut de 92 k. 06. L'enveloppe de scories, évalué à 4 k. 53, laissait un poids de carbure net de 87 k. 53.

Un échantillon pris en diverses parties du bloc de carbure donna comme moyenne de quatre déterminations, 142 l. de gaz acétylène humide par livre anglaise de 453 gr. 5, sous la pression d'une colonne de mercure de 75 cm. 90 à la température de 15° centigr.

Les résultats des deux expériences peuvent être résumés dans les tableaux suivants :

	1re épr.	2 épr.	1re et 2e épr. réun.
Coke du commerce, à 90,51 0/0 de pureté..........................	362 k. »	363 k. »	
Chaux du commerce, à 88,86 0/0 ou 89 0/0..........................	514 k. »	562 k. »	
Quantité des 2 matières mises dans le malaxeur.....................	906 k. »	925 k. »	

Matières retirées du malaxeur :

Charbon.........................	321 k. 1	307 k. 2	
Chaux...........................	451 k. 9	466 k. 1	
Résidus..........................	90 k. »	119 k. »	
Charge des fourneaux..............	863 k. »	892 k. 3	1.755 k. 3

Composition du mélange non converti :

Charbon........................	208 k. 3	222 k. 5	430 k. 8
Chaux..........................	329 k. 3	357 k. 7	687 k. 0
Résidus........................	65 k. 8	104 k. 8	160 k. 6
Carbure de calcium..............	87 k. 5	87 k. 6	175 k. 1
Scories........................	4 k. 5	4 k. 5	9 k. »
	695. k 4	777 k. 1	1.472 k. 5
Charbon consommé pour le carbure de calcium	51 k. 7	19 k. 2	103 k. 9
Perdu dans le four................	58 k. 1	36 k. 5	94 k. 6
	112 k. 8	85 k. 7	198 k. 5
Chaux pour la production du carbure	85 k. 8	76 k. 4	168 k. 2
Chaux perdue dans le four.........	36 k. »	32 k. 1	68 k. 1
Quantité d'oxyde dépensée	121 k. 8	108 k. 5	230 k. 3
Dépense de coke pour la perte de carbone	124 k. 8	94 k 2	219 k. »
Dépense de chaux pour la perte d'oxyde .	136 »	96 2	232 »
Quantité dépensée	260 8	188 4	449 2
Dépense de coke par kilog. de carbure net	1k271	1k077	1k18
Dépense de chaux par kil. de carbure net	1 397	1 403	1 40
Dépense de coke par kil. de carbure brut .	1 215	1 021	1 125
Dépense de chaux par kil. de carbure brut	1 335	1 335	1 335

Quantité d'énergie fournie aux fours :

1re épreuve	2e épreuve	1re et 2e épreuves réunies.
579,2 chev.-h.	520,7 chev.-h.	1099,9 chev.-h.
24,13 chev.-jours	21,7 chev.-jours	45,83 chev.-j.
432,1 kw.-h.	388,5 kw.-h.	820,6 kw.-h.

	1re épreuve	2e épr.	1re et 2e épr. réun.
Carbure brut par cheval-heure.	0k180	0k178	0k179
Carbure net par cheval-heure	0 172	0 170	0 171
Carbure brut par cheval-jour	4 320	4 270	4 295
Carbure net par cheval-jour.	4 124	4 081	4 102
Carbure brut par kilowatt-heure	0 2378	0 237	0 2374
Carbure net par kilowatt-heure	0 2273	0 2253	0 2263
Gaz humide dégagé par kilog. de carbure net à la pression d'une colonne de mercure de 75 cm. 9 à 15°c.	287 l. 5	302 l.	294 l. 5
Gaz humide dégagé (même pression) par kilogr. de carbure net.	298 »	318 l.	308 »
Gaz humide par cheval-jour	2680 »	2828 l.	2704 »
Gaz sec par kg. de carbure pur (rendement théorique)			368 litres.

Prix du carbure de calcium à Spray.

Pour déterminer la valeur du carbure produit, on comprend dans l'évaluation les taxes, impôts, licence, etc., payés par l'usine, l'amortissement du matériel et la main-d'œuvre. L'usine de Spray n'était pas exploitée dans les meilleures conditions de rendement au point de vue commercial, car n'ayant été construite que dans un but expérimental, on ne s'était pas attaché aux moyens de production les plus économiques du carbure. Néanmoins cette usine pouvait fournir 907 kg. de carbure brut par jour.

L'énergie hydraulique prise sur l'axe des turbines, coûtait 25 fr. le cheval-an. En admettant pour les alternateurs un rendement de 83 0/0 et pour les transformateurs 95 0/0, le rendement net sera 83,6 p. 100, ce qui met le prix d'un cheval électrique à 29 fr. 90 pris au four.

L'énergie électrique employée étant en moyenne 203,2 chev., celle qui est fournie par la turbine est de 230,9 chevaux.

En ajoutant 15 chevaux transmis aux appareils complémentaires, broyeurs, malaxeurs, l'énergie fournie par les turbines serait donc de 245,9 chevaux coûtant annuellement 6147,5 francs.

La dépense d'installation de l'usine ne peut être déterminée d'une façon exacte, car, comme il a été dit plus haut, l'usine avait été créée dans un but d'expérience. Les estimations qui suivent sont basées d'après les valeurs actuelles.

Terrains . . . . Fr.	50
Bâtiments	6.250
Turbine	14.460
Station électrique.	30.000
Transmission	1.000
Broyeurs, malaxeurs.	5.125
Cylindres	1 190
Fours	750
Matériel, divers outils	500
Fr.	58.775

Main-d'œuvre :

1 contre-maître, 20 fr. par jour . . . . Fr.	20
3 équipes d'ouvriers. 8 h. chacun	35
Fr.	55

Production de carbure brut, par jour de 24 heures . . 907 kg.

Prix des matériaux : charbon pour les électrodes à environ 0 fr. 65 le kil.; consommation par jour. . . Fr. 4 30

Coke à 22 fr. 75 la tonne (907 kg.) ; consommation journalière, $907 \times 1,125$. 26 55

Chaux à 31 fr. 15 la tonne (907 kg.) livrée à l'usine ; consommation journalière, $907 \times 1,335$ 42 05

Total . . . . . . Fr. 71 90

En récapitulant, on aura pour dépenses journalières les chiffres suivants :

Matériaux par tonne (907 kg.) de carbure brut . . . . Fr. 69 25
Main-d'œuvre par tonne de carbure brut 55 00

$$\text{Energie hydraulique } \frac{6147,5}{365} = \quad . . . . \quad 16\ 85$$

Huile, chiffons, pâtes, etc., à 750 fr. par an . 2 05
Impôts à 500 fr. par an 1 15
Intérêt du capital à 5 0/0 (88.775). 8 15
Dépréciation et entretien des alternateurs et
    turbines. 5 0/0 . . . . 6 05
Entretien des transmissions, bâtiments, cylin-
    dres. 2 40
Fours électriques, 20 0/0 . . . . 0 10

             Total. . . . . . . Fr. 161 00

L'estimation du prix de fabrication de carbure de calcium à Spray, s'élèverait donc à 161 fr. pour une production journalière de 24 h. de 907 kg. Les matières premières sont représentées pour 69 fr. 25 dans cette somme.

Ici, je ferai remarquer que le prix est dû au transport, coûteux à Spray, et qui élève considérablement le prix d'achat.

Tel était l'état de la fabrication du carbure de calcium à Spray, avant sa destruction par le feu.

Au Niagara, des fours ont été installés par MM. Morehead et de Chalmot. Ces messieurs ont construit un four que nous allons décrire. Les figures 31; 32, représentent deux coupes différentes de ces fours.

Le fond du four est remplacé par un chariot en fer a qui roule sur des rails et dans lequel le carbure est formé.

Au fur et à mesure qu'on ajoute du mélange de chaux et de charbon et que le carbure se forme, on élève le charbon supérieur b.

Quand le chariot est rempli, les crayons b sont complètement soulevés au-dessus de ses bords. Le courant est alors interrompu, et la porte c est ouverte ; le chariot peut donc être retiré ; il est remplacé par un chariot vide.

Les crayons sont abaissés à nouveau sur le fond du chariot qui reçoit des charges successives du mélange à transformer.

Le fond du chariot est recouvert de 10 à 20 centimètres de charbon. Quand le contenu de chaque chariot a suffisamment refroidi hors du four, ce qui exige de 6 à 12 heures, la caisse est enlevée de la voie par les tourillons *d*, et renversée. Son contenu est jeté sur une grille en fer, sur laquelle le carbure reste, tandis que tout le poussier non transformé tombe dans une pièce inférieure, où il est recueilli pour être traité ultérieurement.

(fig. 31 et 32).

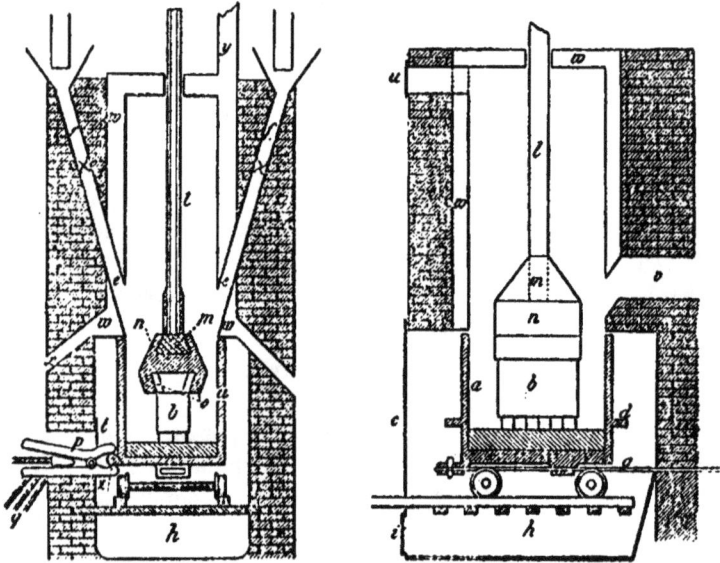

Le mélange de chaux et de coke est introduit par charges successives dans le chariot, par les canaux *e* qui ont une largeur égale à celle du chariot. Les tiges *f* qui portent quatre lames, s'étendent sur toute la largeur des canaux *e* : elles font l'office de distributeur ; elles tournent automatiquement, et plus vite elles tournent, plus grande est la quantité de matière fournie au chariot. Afin de pouvoir tisonner le four automatiquement, le chariot est attaché à une barre de fer *g* par un couplage en tête du chariot ; cette barre passe à travers le mur postérieur du four, et reçoit un mouvement automatique de va-et-vient dont l'amplitude est d'environ 5 centimètres, et la fréquence 20 coups par minute. Le chariot roule ainsi en avant, puis en arrière. Chaque fois qu'il s'arrête ou qu'il repart, il reçoit un léger choc, qui est suffisant pour éviter la formation de barres dont l'une est fixe et l'autre peut être soulevée. La porte *t* sert à fermer l'ouverture une fois tout mis en place.

Le four est entièrement fermé. Quand il est mis en marche, la porte *c* est close, mais la porte *u* est maintenue ouverte jusqu'à ce que l'oxyde de carbone qui est formé dans la réaction ait remplacé l'air dans le four. Ce point est obtenu lorsque la flamme sort par cette porte ; on la ferme à ce moment ; les gaz s'échappent dès lors par la cheminée *v*. L'emploi de la porte *u* empêche les explosions d'oxyde de carbone dans le four fermé. La cheminée *v* commence juste au-dessus du chariot. Le porte-charbon et la tige *l* ne sont donc pas dans le courant de gaz chauds. La partie supérieure du four est refroidie, de plus, par une chemise d'air *w* où un courant d'air est maintenu. L'air froid entre par les ouvertures *x* et l'air chaud est évacué par la cheminée *y* ; il peut servir à chauffer le local.

Ce four a été inventé par MM. Morehead, de Chalmot et King ; il porte le nom de ce dernier.

Les crayons de charbon doivent recevoir des soins particuliers pour qu'ils durent aussi longtemps que possible. Si l'on a mis suffisamment de coke dans le mélange, les crayons ne sont pas beaucoup attaqués à leur extrémité. Ils diminuent d'environ 0,127 à 0,254 cm. par heure. Ils deviennent plus minces lorsqu'ils sont exposés chauds à l'air. Ils sont surtout attaqués après que le courant électrique a été interrompu, parce que, tant que le four est en opération, les gaz qui se dégagent montent autour des charbons et les isolent de l'air. Afin de mieux économiser les charbons, il convient donc de maintenir les fours en marche avec aussi peu d'interruption que possible. Dans le four fermé, les charbons sont entourés par des gaz non oxydants, qui les protègent très efficacement. Dans les fours de Spray, les charbons sont entourés par une feuille de fer qui va depuis le porte-charbon jusqu'à 10 cm. de l'extrémité inférieure des charbons. Cette enveloppe est remplie par un mélange de coke et de goudron ou de poix. Ce mélange est cuit en entourant les charbons et leur enveloppe par le produit

chauffé au rouge qu'on retire du four électrique, ou en les plaçant
dans un feu spécial. L'enveloppe dure en général aussi longtemps
que les charbons. Une série de ceux-ci dans un four ouvert, du
type de Spray, et avec des opérations interrompues, dure en
moyenne 100 heures. Ces chiffres se rapportent à un courant de
1.700 à 2.000 ampères. Le voltage n'a pas d'influence perceptible
sur le résultat. Si l'on opère, par exemple, avec 1.700 ampères et
100 volts, soit 225 chevaux, la production de carbure par heure
sera d'environ 38 à 39 kg ; une série de charbon suffira donc à la
production de 3.800 à 3.900 kg. de carbure, même dans un four
ouvert. Si le four était employé sans arrêt, les charbons dureraient
au moins de 200 à 300 heures, et le prix des crayons par tonne de
carbure serait d'environ 5 fr.

Il est nécessaire que le carbure de calcium soit aussi pur que
possible, et cela tient naturellement à la composition des matières
qui entrent dans sa fabrication.

MM. Morehead et de Chalmot ont étudié l'influence des matières premières et de la main-d'œuvre sur la qualité du carbure et
aussi qu'elle était la qualité de carbure la plus économique à produire au point de vue de la dépense en force motrice.

Le coke ne doit pas contenir beaucoup de cendres ; celui qui a
servi aux expériences de ces ingénieurs en contenait 7 pour 100.

Si l'on emploie du coke contenant de 10 à 11 pour 100 de cendres, le carbure est de qualité inférieure. On n'a pu obtenir de
carbure de qualité acceptable avec du coke contenant 27 pour 100
de cendres. Le coke doit être broyé très fin et passé dans un
tamis de 50 mailles au pouce.

La chaux n'exige pas un broyage aussi fin que le coke ; les plus
gros grains doivent passer dans un tamis de 10 mailles au pouce.
Si la chaux est en grains plus gros, la qualité du carbure devient
inférieure. On peut se rendre compte de l'importance de cet état
de pulvérisation de la chaux en comparant le rendement de gaz
obtenu avec de la chaux vive (310 litres) et avec la chaux éteinte à
l'air (329 litres). La première n'était pas aussi fine que la chaux
éteinte. Cependant, nous verrons plus loin qu'à un point de vue
général, la chaux non éteinte est préférable.

La chaux employée contenait 1,5 pour 100 de magnésie et 1
pour 100 d'autres impuretés. La chaux anhydre doit contenir au

moins 95 pour 100 d'oxyde de calcium et 5 pour 100 au plus d'impuretés. La présence de la magnésie est particulièrement nuisible. On a pu obtenir une bonne qualité de carbure avec une chaux de la composition suivante :

Insoluble.	0,24 pour 100
Silice.	0,78 »
Oxyde de fer et d'alumine .	0,68 »
» de calcium.	92,83 »
» de magnésium. . .	5,47 »
Total.	100,00

Des expériences ultérieures ont prouvé qu'une quantité de magnésie de 2,5 pour 100 dans le mélange avait une influence marquée sur la production. La chaux employée pour la fabrication du carbure ne doit pas contenir plus de 3 pour cent de magnésie. Le rôle de cette substance est de former un voile entre le charbon et la chaux, ce qui empêche leur combinaison.

Le mélange de la chaux et du coke pulvérisés doit être très intime, sous peine de ne produire que du carbure de qualité inférieure.

Si l'on mesure la quantité d'énergie électrique dépensée pendant la durée de l'expérience et la production totale de carbure obtenue, on peut, après avoir déterminé le rendement en gaz de ce dernier, se rendre compte du volume d'acétylène produit par cheval-heure. Les meilleurs résultats sont obtenus avec la chaux vive, ce qui provient sans doute de la dépense d'énergie nécessaire pour décomposer la chaux hydratée. La chaux vive employée contenait, après le broyage, de 5 à 9 pour 100 d'eau. La chaux vive a, de plus, l'avantage de peser moins et d'être beaucoup moins volumineuse; les mélanges non convertis faits avec de la chaux vive refroidissent, au sortir du four, beaucoup plus rapidement que ceux faits avec de la chaux éteinte. Les seuls désavantages de la chaux vive, c'est qu'elle doit être broyée, et que les mélanges où elle entre doivent être plus souvent tisonnés dans le four ; ils peuvent, en effet, former sans glissement des talus à très forte déclivité le long des parois du four, et par conséquent laisser un trou tout autour des charbons.

Le mélange à traiter doit contenir en moyenne 100 parties de chaux et 64 à 65 parties de carbone pour donner un carbure rendant 310 litres environ de gaz par kg. Si la tension est de 100 volts, il vaut mieux prendre un peu plus de charbon (100 parties de chaux et 66 ou 67 parties de charbon). Si la tension est de 65 volts au moins, 63 à 64 parties de charbon suffisent. Lorsqu'on augmente la quantité de charbon, le carbure devient plus pur, mais la partie extérieure, mélange de matières converties et non converties, devient plus considérable.

Le plus grand rendement de gaz par cheval est obtenu lorsqu'on fabrique du carbure produisant environ 310 litres de gaz par kg. Le rendement en kg. de carbure par cheval varie inversement avec la qualité.

Au point de vue de l'emploi du courant, le meilleur rendement a été obtenu avec une tension de 100 volts et une intensité d'environ 1.700 ampères. La qualité du carbure est meilleure avec de bas voltages, de 50 à 65 volts.

Ces résultats obtenus avec un appareil particulier dans lequel les résultats devaient varier en raison des résistances passives, des pertes de chaleur, etc., suivant les circonstances des expériences, n'ont évidemment qu'une valeur toute relative.

L'Eclairage Electrique du 4 avril 1896 a donné la description du four de Froges ; nous la reproduisons ici :

Ce four est monté sur quatre roulettes ; il a la forme d'un parallélipipède de 1ᵐ 80 × 1ᵐ 50 × 1ᵐ 50. Il est formé d'un bloc de graphite recouvert d'un revêtement extérieur en fonte et percé d'une cavité communiquant à sa partie supérieure avec un orifice de chargement et à sa partie inférieure avec un trou de coulée placé en face d'une cuve destinée à recueillir le carbure fondu.

La masse du four forme l'électrode négative qui est isolée du sol par les roulettes ; les conducteurs négatifs sont fixés par des boulons sur la paroi d'arrière du four.

L'électrode positive est verticale ; elle est formée par une tige de charbon de 20 centimètres de côté, serrée par quatre griffes d'une mâchoire dont les deux flasques servent de point d'attache aux six câbles du conducteur positif.

Cette mâchoire est solidaire d'une tige filetée et peut être soulevée ou abaissée au moyen d'un système d'engrenages manœuvré par un volant. L'ouvrier qui déplace l'électrode est garanti contre le rayonnement du four par un écran en mica

On remplit le creuset du mélange de chaux et de coke, puis on abaisse progressivement l'électrode verticale de manière à chauffer la masse et à former ensuite un arc entre l'électrode et la masse contenue dans le creuset. L'ouvrier règle la position de cette électrode d'après les indications du voltmètre et de l'ampèremètre, en jugeant de l'état de la réaction par la grandeur et la couleur de la flamme. Quand cette réaction est sur le point d'être terminée, un ouvrier débouche le trou de coulée pendant qu'un autre recharge le creuset.

L'électrode reste plongée dans ce creuset, le courant n'est pas interrompu. La marche du four est donc continue, mais on procède par charges et coulées successives.

Propriétés du carbure de calcium.

Le carbure de calcium est un composé de carbone et de calcium dans les proportions d'un atome de calcium contre deux de carbone ; sa densité a été prise dans la benzine à 18°, elle est de 2,22.

Son odeur est pénétrante à l'air ; il dégage toujours de faibles quantités d'acétylène et outre cela, il possède une odeur qui lui est propre. Ses propriétés antiseptiques sont extrêmement remarquables.

Quand on casse le carbure de calcium, sa masse se clive avec une très grande facilité et sa cassure est nettement cristalline.

Il est insoluble dans tous les réactifs, dans le sulfure de carbone, dans le pétrole et dans la benzine. De ce côté, il présente les mêmes particularités que le charbon.

La propriété la plus remarquable du carbure de calcium, c'est que dans une atmosphère de chlore, à la température de 245°, il devient incandescent. Il se forme d'après la formule :

$$CaC^2 + Cl = CaCl + C^2$$

du chlorure de calcium et il reste du charbon, mais ce qu'il y a de très curieux, c'est que le poids de ce corps simple est inférieur au poids du carbone de l'acétylène.

Les vapeurs de brome et d'iode agissent exactement de la même façon.

Dans l'oxygène, il brûle au rouge sombre en donnant du carbonate de calcium.

Dans la vapeur de soufre, l'incandescence se produit vers 500° en donnant du sulfure de calcium et du sulfure de carbone.

L'azote n'a aucune action, même à haute température.

La vapeur de phosphore au rouge donne du phosphure sans incandescence. La vapeur d'arsenic, au contraire, réagit avec un grand dégagement de chaleur en donnant de l'arséniure de calcium. Au rouge blanc, le silicium et le bore sont sans action sur ce composé.

Il ne réagit pas sur la plupart des métaux. Il n'est pas décomposé par le sodium et le magnésium à la température de ramollissement du verre. Avec le fer, il n'y a pas d'action au rouge sombre, mais à haute température, il se forme un alliage carburé de fer et de calcium.

Cette propriété qui, avec le carbure de calcium, ne présente qu'un intérêt limité, peut en présenter un très grand avec le carbure de chrome pour la préparation facile des ferrochromes ou fers chromés.

L'étain ne paraît pas avoir d'action au rouge, tandis que l'antimoine fournit, à la même température, un alliage cristallin renfermant du calcium.

Enfin, le carbure de calcium se décompose au contact de l'eau en donnant de l'acétylène qui se dégage et de la chaux qui reste en suspension :

$$CaC^2 + H^2O = CaO. + C^2H^2.$$

Si on laisse tomber un petit fragment de carbure de calcium dans l'eau, il se produit immédiatement une violente effervescence qui ne s'arrête que lorsque tout le morceau de carbure est décomposé. C'est sur cette simple décomposition qu'est basée l'éclairage à l'acétylène.

Cette décomposition est plus ou moins rapide. Les carbures obtenus par cristallisation dans le four, tels que ceux de Bellegarde, se décomposent très rapidement, en donnant de l'acétylène absolument pur.

Du reste, voici ce que donne l'analyse eudiométrique :

Gaz analysé ....,....   1,28
Oxygène...,.. ....,.......,;   15,15
                                            ———
Gaz total   16,43

Après l'étincelle, il reste 14,50.

La contraction est de 1,93.

En faisant passer le fragment de potasse, on trouve 2,52 d'acide carbonique qui sont absorbés et il reste, en effet, 11,98 dans l'eudiomètre. Or, si le gaz était de l'acétylène pur, on devrait avoir comme contraction 1,95 et 2,56 comme volume d'acide carbonique.

D'ailleurs, nous avons fait des analyses à la burette de Bunte de gaz acétylène obtenus par les carbures les plus différents et nous avons toujours obtenu les nombre 99,5, 99,6, 99,2, 99,1, pour le volume de l'acétylène sur 100 parties. Ce qui reste peut être de l'azote ou bien un peu de vapeur d'eau.

Ces preuves sont absolument suffisantes pour démontrer la pureté du gaz que l'on obtient par la décomposition du carbure de calcium sur l'eau.

Celui de Froges se décompose avec une moins grande rapidité, il est particulièrement différent de l'autre à ce sujet ; c'est d'autant plus fort que quelquefois il ne se décompose qu'au bout d'un petit moment et alors assez brusquement.

Le gaz obtenu, comme je l'ai dit plus haut, est exactement de la même pureté et des expériences nombreuses ont été faites par nous dans la burette du Dr Bunte ; les résultats ont toujours été les mêmes.

Nous avons voulu nous rendre cependant compte des effets de l'épuration.

Nous avons commencé nos essais d'épuration au moyen du chlorure de calcium, glycérine pure et oxyde de fer.

Les résultats obtenus ont été sinon inférieurs, du moins pareils. Nous nous sommes rendu compte aussi du mode d'épuration préconisé par M. R. Pictet et nous n'avons trouvé aucune différence.

Dans le mode de fabrication de l'acétylène, il y a cependant une chose sur laquelle je dois attirer l'attention et c'est évidemment ce qui a été le point de départ des intéressantes recherches de M. Pictet sur l'épuration du gaz acétylène.

Lorsque le gaz acétylène est fabriqué au moyen d'un appareil dans lequel une masse de carbure se trouve emprisonnée et sur laquelle on fait arriver des gouttes d'eau ou un filet d'eau, il se produit à ce moment des réactions très complexes, car la chaleur développée par la décomposition du carbure est énorme.

Le gaz acétylène alors est chargé d'impuretés, qui, à mon avis, ne sont pas nuisibles, mais qui n'en sont pas moins des impuretés ; le gaz présente une odeur infecte et si on le fait passer dans ces conditions dans un réfrigérant, il se dépose des benzines, des huiles qui ont une odeur insupportable.

L'acétylène se polymérise, en effet, à haute température, l'eau chargée d'azote laisse dégager ce gaz qui se combine avec l'acétylène en donnant un peu de cyanure, une foule de réactions se produisent, mais tous ces phénomènes ne se produisent pas et le gaz est absolument pur lorsque, laissant tomber le carbure dans une masse d'eau un peu importante, il se forme à froid.

La vapeur d'eau, au rouge sombre, ne produit qu'une très faible réaction avec du carbure de calcium.

Le carbure se recouvre d'une couche de charbon et de carbonate qui limite l'action de la vapeur d'eau et le dégagement gazeux formé en grande partie d'hydrogène et d'acétylène est beaucoup moins rapide. C'est encore ce qui explique les impuretés que certains appareils fournissent, car dans ces appareils c'est la vapeur au rouge sombre qui agit.

Les acides réagissent. L'acide sulfurique fumant donne un dégagement assez lent et le gaz paraît s'absorber en grande partie. L'acide ordinaire produit une décomposition beaucoup plus vive et prend une odeur aldéhydique marquée.

Avec l'acide azotique fumant, il n'y a pas de réaction à froid et l'attaque est à peine sensible à l'ébullition. L'acide azotique très étendu fournit de l'acétylène. Il en est de même de l'acide iodhydrique et chlorhydrique.

Si on chauffe l'acétylène avec le gaz acide chlorhydrique sec, il se produit, au rouge vif, une incandescence marquée, et il se dégage un mélange gazeux très riche en hydrogène.

Certains oxydants agissent avec une grande énergie sur le

carbure de calcium. L'acide chromique fondu devient incandescent dès qu'il est en contact avec lui et il se dégage de l'acide carbonique.

Une solution d'acide chromique ne donne que de l'acétylène. Le chlorate de potassium et l'azotate de potassium en fusion n'attaquent pas le carbure de calcium; il faut le porter au rouge pour qu'une décomposition se produise avec incandescence et formation de carbonate de calcium.

Le bioxyde de plomb oxyde le composé avec incandescence au-dessous du rouge sombre; le plomb qui provient de cette réduction renferme du calcium.

Broyé avec le fluorure de plomb à la température ordinaire, il devient incandescent.

Une des propriétés très remarquables du carbure de calcium est la suivante : si dans un tube scellé on le chauffe à 180° centigr. de température avec de l'alcool anhydre, le carbure fournit de l'acétylène et de l'éthylate de calcium ; d'après l'équation suivante :

$$2(C^2H^6OH) + C^2Ca = C^2H^2 + (C^2H^5O)Ca.$$

Ici, on obtient du gaz acétylène qui est complètement absorbable par le sous-chlorure de cuivre ammoniacal, en fournissant un acétylure noir qui semble bien indiquer l'existence des carbures acétyléniques.

Les chiffres de dosage du carbure de calcium cristallisé sont les suivants :

	1	2	3	4	Théorie
Calcium	62,7	62,1	61,7	62	62,5
Carbone	37,3	37,8	»	»	37,5

Nous savons que, d'après les études des mélanges industriels, M. Bullier est arrivé et s'est arrêté au chiffre de 65 de chaux et 36 de carbone.

Rendement des carbures industriels en acétylène.

Ce rendement des carbures en acétylène est extrêmement variable. Aussi est-il d'un très grand intérêt pour tout consommateur de connaître ce chiffre aussi exactement que possible, de même qu'il est essentiel à tout gazier de connaître la teneur en gaz d'une houille.

Jusqu'à présent, la teneur en gaz acétylène d'un kilogramme de carbure est considérée être d'environ 300 litres.

La vérité est que ce rendement se tient dans les environs de 300, oscillant de 290 à 340 et même 350 litres.

Il est extrêmement facile de vérifier le rendement en acétylène; il suffit de faire passer un fragment de carbure dans un récipient fermé, en communication avec une cloche mobile graduée sur l'eau, de façon à avoir toujours le gaz à la pression atmosphérique.

Les carbures de St-Michel, de Froges, de Neuhausen, réputés les plus riches, ont une teneur en acétylène de 330 à 340 litres au kilogramme. (1)

(1) Ce travail se complète par une série d'études que publie la *Revue technique et industrielle de l'acétylène et des applications générales du four électrique*. Administration, 17, rue Fontaine-du-Roi. Paris.

Les clichés de cet article ont été mis gracieusement à notre disposition par MM. Vicq-Dunod et Cⁱᵉ, éditeurs à Paris. Nous leur adressons nos remerciements.

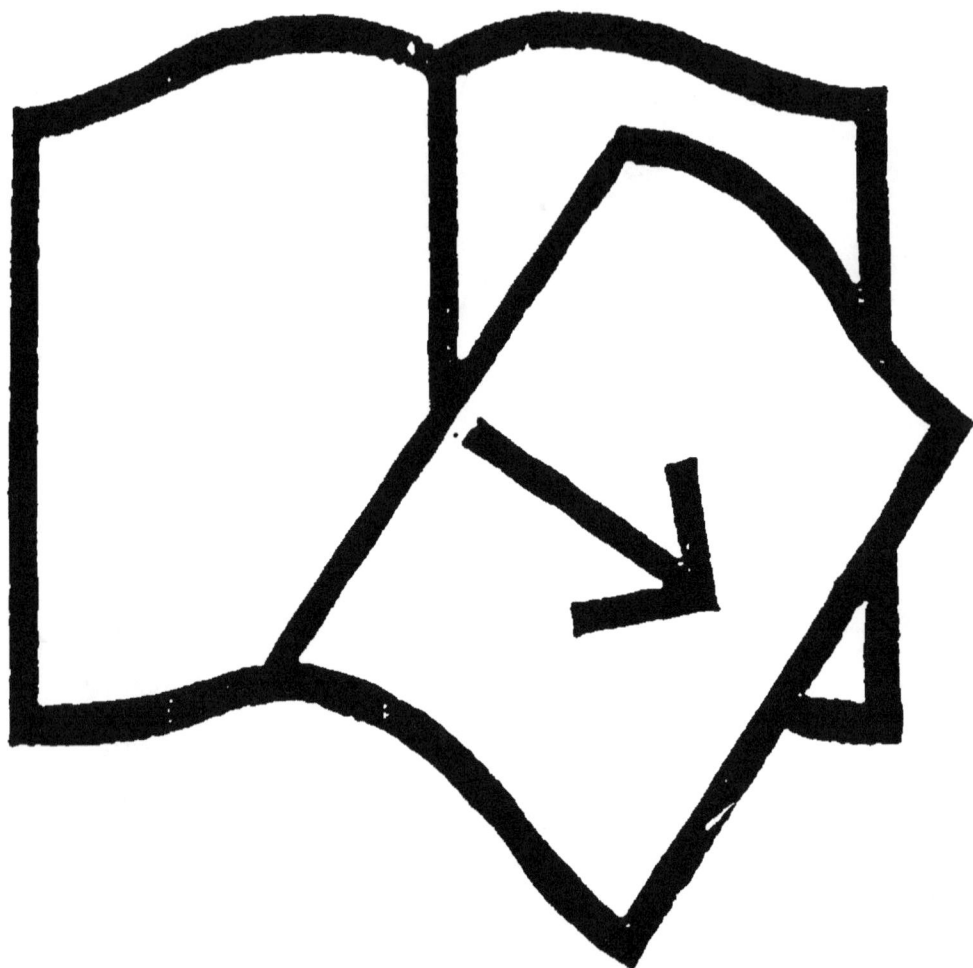

Documents manquants (pages, cahiers...)
NF Z 43-120-13

www.ingramcontent.com/pod-product-compliance
Lightning Source LLC
Chambersburg PA
CBHW050600210326
41521CB00008B/1052